U0332422

千万不要打开这本数学书

加减法

[美]达妮卡·麦凯勒（Danica McKellar） 著

[美]马兰达·马贝里（Maranda Maberry） 绘

陆剑 译

什么?! 你已经把书翻开了?! 听我说，千万别再往后翻啦，求你啦!

CNS PUBLISHING & MEDIA 中南出版传媒

湖南少年儿童出版社 HUNAN JUVENILE & CHILDREN'S PUBLISHING HOUSE

小博集 BOOKY KIDS

·长沙·

著作权合同登记号：图字 18-2022-236

图书在版编目（CIP）数据

千万不要打开这本数学书. 加减法 /（美）达妮卡·麦凯勒（Danica McKellar）著；（美）马兰达·马贝里（Maranda Maberry）绘；陆剑译. -- 长沙：湖南少年儿童出版社，2023.7
ISBN 978-7-5562-6030-0

Ⅰ. ①千… Ⅱ. ①达… ②马… ③陆… Ⅲ. ①数学 — 儿童读物 Ⅳ. ① 01-49

中国国家版本馆 CIP 数据核字（2023）第 034148 号

QIANWAN BUYAO DAKAI ZHE BEN SHUXUESHU JIAJIANFA
千万不要打开这本数学书 加减法

[美] 达妮卡·麦凯勒（Danica McKellar）著　　[美] 马兰达·马贝里（Maranda Maberry）绘
陆剑 译

责任编辑：张　新　李　炜　　策划出品：李　炜　张苗苗
策划编辑：蔡文婷　　特约编辑：董　月　张晓璐
营销编辑：付　佳　杨　朔　周　然　　版权支持：王立萌
封面设计：袁　芳　　版式排版：马睿君

出 版 人：刘星保
出　　版：湖南少年儿童出版社
地　　址：湖南省长沙市晚报大道 89 号
邮　　编：410016　　电话：0731-82196320
常年法律顾问：湖南崇民律师事务所柳成柱律师
经　　销：新华书店
开　　本：700 mm × 980 mm　1/16　　印　　刷：北京中科印刷有限公司
字　　数：140 千字　　印　　张：9.75
版　　次：2023 年 7 月第 1 版　　印　　次：2023 年 7 月第 1 次印刷
书　　号：ISBN 978-7-5562-6030-0　　定　　价：39.80 元

若有质量问题，请致电质量监督电话：010-59096394
团购电话：010-59320018

献给我的小淘气德拉科。

你的调皮捣蛋激发了我的创作灵感，老鼠先生身上最精彩的部分就来自你！

我很开心能够通过居家教学的方式，把这本书中的数学概念介绍给你。

我爱你！

介绍

啊啊啊！你骗了我！骗我往那里看，然后他们就翻页了！
请大家原谅我可爱的朋友老鼠先生。他很怕学数学，不过我们可以一起帮助他！
嗨，大家好！我叫达妮卡，我们——
呀，别让她往下说了！

听着，老鼠先生，数学真的又简单又好玩，只要你用正确的方式看待它。
数学就像一场游戏。

只有你有能力……
合上这本书——它太危险了！

做数学题能让你在面对日后的各种事情时更加聪明，特别是和数字打交道，比如算钱时！
做数学题也能训练你的大脑，让它变得更强大，就和体育锻炼能强身健体一样！

难道你不喜欢钱吗？
说实话，我不太喜欢钱。钱真讨厌。

可你喜欢用钱买东西，不是吗？
没错，可这不是重点呀。

你也想拥有强大的大脑，变得聪明又机灵，对吧？
不！我是说，可能吧。啊！你在转移我的注意力！

还有，老师们教的数学和爸妈们教的数学还不一样，这真让人摸不着头脑。
要是我能让每个人都明白数学是怎么回事呢？

回到刚才的介绍吧，我叫达妮卡，我会用玛芬蛋糕、火鸡三明治、小猫咪和活动眼睛贴和大家一起玩各种数学游戏，你们会发现数学其实很简单。
你们都会爱上数学的！

那么，这本翻开的书里有些什么呢？

“新数学”是怎么一回事呢？

给家长的一封信

我们好多人小时候都是通过不停地做练习题来学习加减法的。我们没有学到太多的“方法”，所以我们想出了自己的“方法”。看到 9 + 5，有些人会先在脑子里把它变成 10 + 4，有些人会用手指头数，还有些人会死记硬背，把 9 + 5 = 14 记住。事实证明，如果我们把 9 + 5 变成 10 + 4，我们会思考更多的运算基本功，这也是当今“新数学”教学法的核心。

基本功教学法无可非议。但现在，即使是一、二年级的数学作业也太过复杂，有时甚至无从下手——尤其是对父母来说！这是为什么呢？部分原因是，即使是一些简单的题目，许多新方法也试图在草稿纸上重建微妙的思维过程。有时，甚至要求孩子以某种特定方式去思考问题——可能和孩子的思维方式不太吻合。

那么，抛弃单纯的死记硬背，加深孩子对这些数学基本解题技巧的理解有什么价值吗？当然有！不过，也有把事情搞得太复杂的风险。我们必须记住：每个孩子的学习方式都是不一样的。

这本书里，我将搭建一座桥梁，把学校简单直白的教学法，和如今更复杂的“新数学”教学法联系起来。书中巧妙融入了孩子们喜欢的幽默和玩笑，将新方法和简单、有趣、熟悉的事物联系起来，一步步揭开“新数学”教学法的奥秘。读完这本书，孩子的数学作业在你眼里将不再是“天书”！有时，这其实就是换一种方法把一个新名词解释出来。比如，学习减法时，我们不说“借位”，而是说“重组”。我也会用幽默、易懂的语言解释“十格阵”“数链”“基本形式”等数学新工具。做加减法时，学生可以自主选择任一方法，或者什么“方法”都不用——无招胜有招！

无论书中的这些新方法是一时时兴，还是持续存在，本书都会加深孩子对数字的感觉、对数学加减法基本知识的理解和掌握，为他们在小学、中学，甚至以后的数学学习中取得成功做好准备。

恭喜你！翻开这本书，和你的孩子一起踏上欢乐的阅读之旅吧！

Danica

提示：阅读能力较强的孩子可能更喜欢自己一个人看这本书，不过亲子共读更能让大多数孩子受益。老鼠先生的滑稽举动，不仅孩子喜欢，大人也会觉得乐趣无穷！

本书设计了很多“游戏时间”版块，邀请孩子一起解决实际问题。注意！我没有在书中留出空白处让孩子做题，但你可以另外准备纸笔。我是特意这样设计的：这样能保持页面整洁，孩子也能通过多次练习熟能生巧。另外，孩子的兄弟姐妹或朋友也能使用本书。希望你们喜欢！

第一章

臭脚丫和跳跳蛙：凑十法

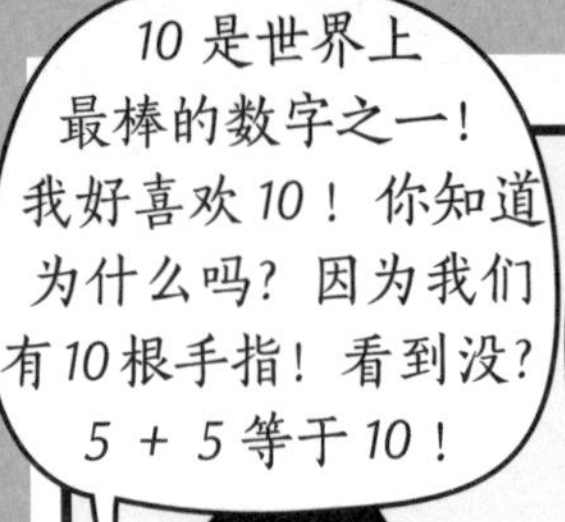

10是世界上最棒的数字之一！我好喜欢10！你知道为什么吗？因为我们有10根手指！看到没？5 + 5等于10！

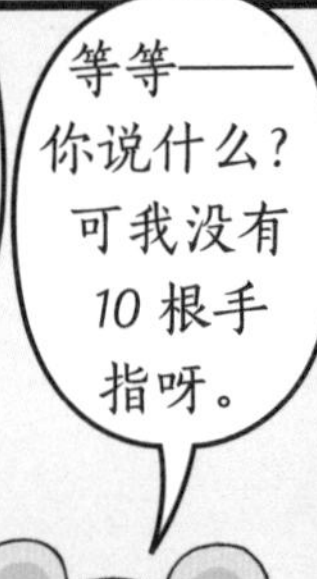

等等——你说什么？可我没有10根手指呀。

咦？什么意思？
看到没？这招对我不管用。救命啊！

你没有10根手指？

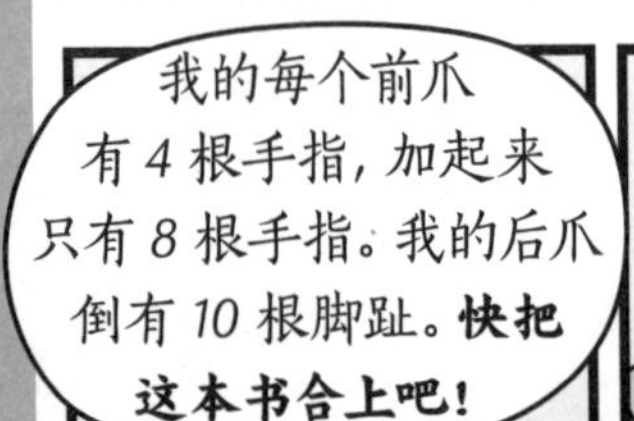

我的每个前爪有4根手指，加起来只有8根手指。我的后爪倒有10根脚趾。**快把这本书合上吧！**

你可以用脚趾呀！
你想让我用脚趾来数数？谁会做这种傻事呀？
老鼠先生，你会喜欢的。
来吧，不知道……

啊哈，那好吧。不过，我要所有人都用脚趾来数数。
没错，脚丫子臭臭的小朋友也包括在内。臭脚丫，很臭很臭的臭脚丫。

明白了。那我们开始数数喽！

掰掰手指数到 10！

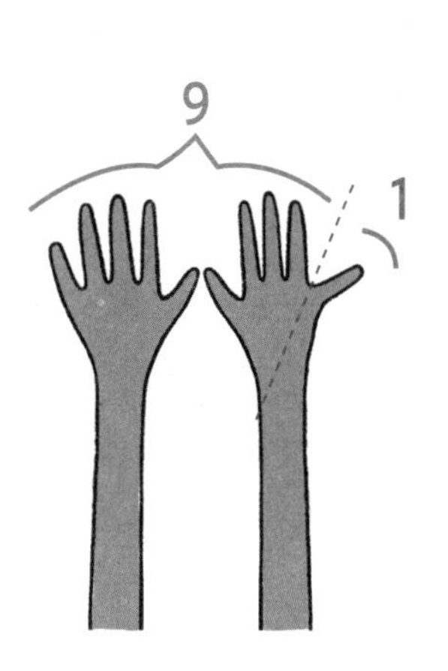

伸出你的 10 根手指（脚趾也可以）。数一数，确保它们都在手上。有没有逃跑的手指？确定一根不少？那太好了。现在把手指并拢，像这样把右手小拇指向旁边移动，做出 9 + 1 的手势。

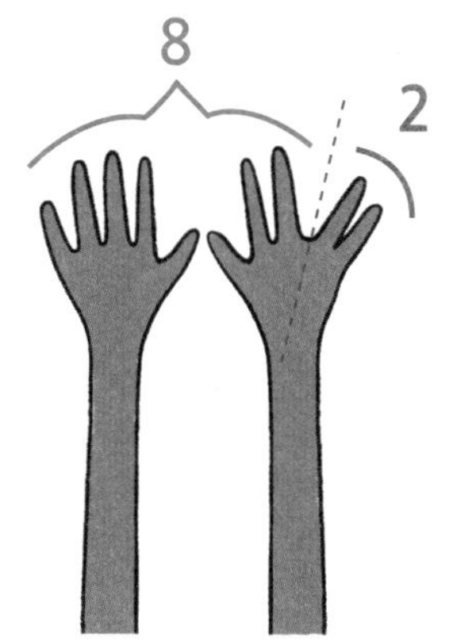

因为你总共有 10 根手指，所以现在我们知道了 9 + 1 = 10！接下来，像这样把右手无名指也向旁边移动，和小拇指靠拢，做出 8 + 2 = 10 的手势。

有很多方法可以凑出 10，而且用你的手指就完全可以做到！

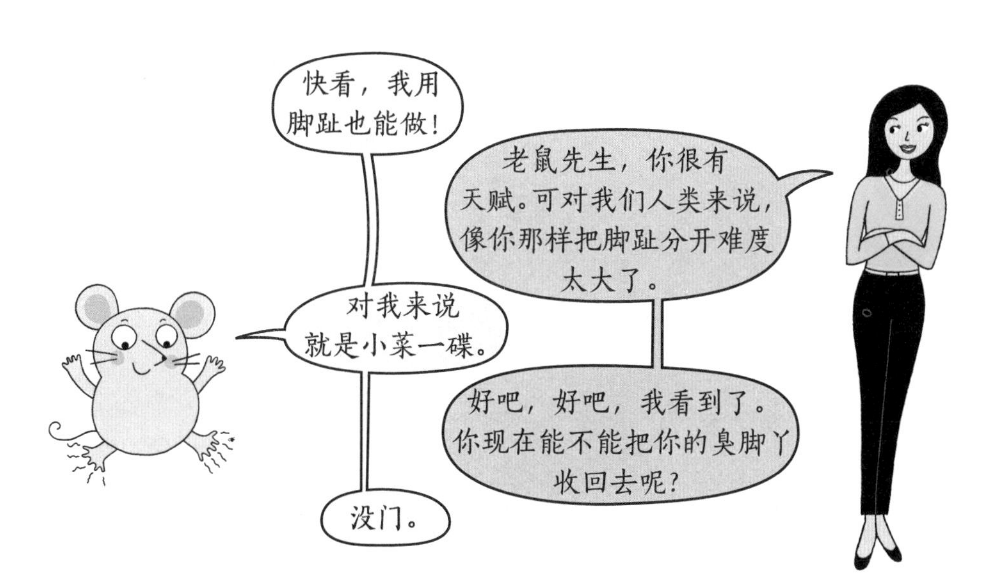

凑十法！

你能找出每个手势对应哪个数学等式吗?

我做第 1 题示范给你看!

1.

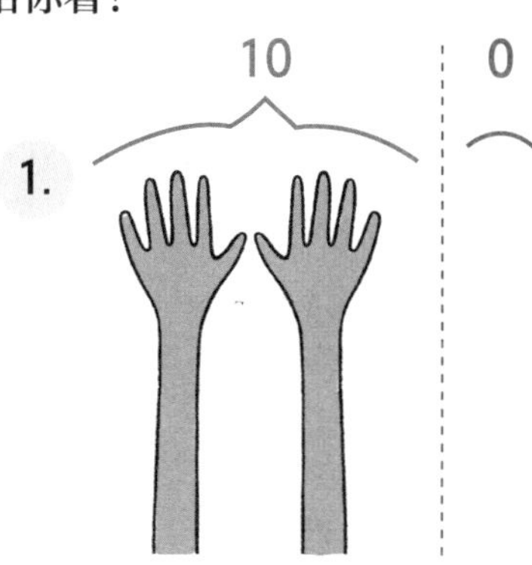

一起来玩吧：我看到图片左边有 10 根手指，图片右边没有手指。这个手势对应哪个数学等式呢？没错，就是 10 + 0 = 10！

答案：10 + 0 = 10

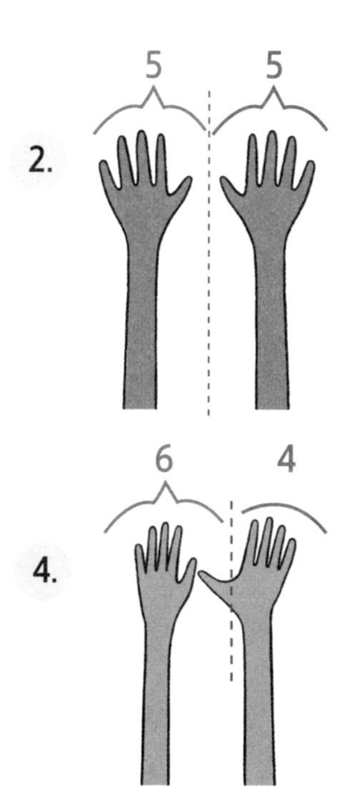

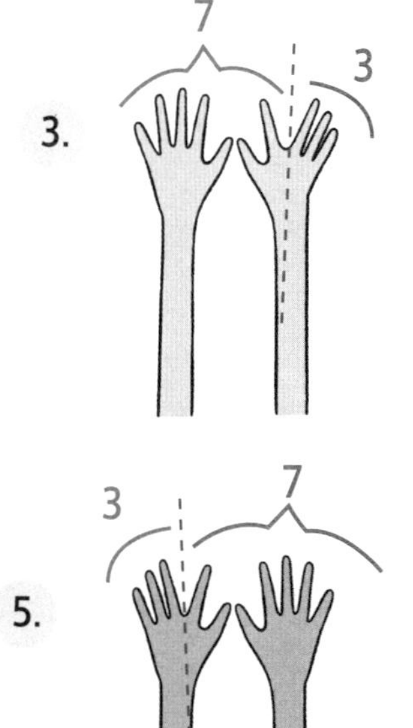

（答案见 146 页）

新来的小狗！在台阶上凑出10！

假如你家新来了一只小狗，它跑上了10级台阶，现在你得去追它。你很兴奋，你很想跑起来追上它。不过经过一整天的运动，你已经很累了。

你先跑上6级台阶，这时你累得跑不动了，剩下的4级台阶只好走上去。不过，你还是登上了全部10级台阶，对不对？这就是你登上10级台阶的数学等式：

6 + 4 = 10

（跑）+（走）=（总数）

但你也可能很累很累了，只能跑3级台阶，剩下的都只能靠走。那么数学等式就变成这样：

3 + 7 = 10

（跑）+（走）=（总数）

无论你有多累，我相信你总能想出各种组合的方法登上10级台阶，毕竟这条新来的小狗是你的呀！

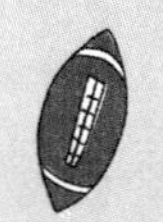

参考下方的楼梯图片，回答登上 10 级台阶的问题。我做第 1 题示范给你看。

1. 总共有 10 级台阶，你跑上 8 级台阶，剩下的台阶准备走上去。那么你得再走几级台阶呢？把数学等式写在纸上吧。

一起来玩吧：如果总共有 10 级台阶，我们跑了 8 级，就来到了楼梯上数字 8 的位置，看到了吗？再数一数，还剩 2 级台阶就能到达楼梯顶部 10 的位置。我们可以在纸上写下：8 + 2 = 10。完成！

答案：我们还要往上走 2 级台阶。8 + 2 = 10

2. 总共有 10 级台阶，你跑上 3 级台阶，剩下的台阶准备走上去。那么你得再走几级台阶呢？把数学等式写在纸上吧。

3. 总共有 10 级台阶，你跑上 9 级台阶，剩下的台阶准备走上去。那么你得再走几级台阶呢？把数学等式写在纸上吧。

4. 总共有 10 级台阶，你跑上 5 级台阶，剩下的台阶准备走上去。那么你得再走几级台阶呢？把数学等式写在纸上吧。

5. 总共有 10 级台阶，你跑上 7 级台阶，剩下的台阶准备走上去。那么你得再走几级台阶呢？把数学等式写在纸上吧。

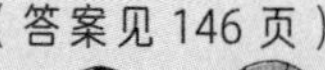
（答案见 146 页）

跳跳蛙：在数轴上凑出 10！

我们也可以用数轴来凑出 10。数轴可能会让你想起 18 页上标数字的楼梯。数轴很好玩，尤其是有青蛙在数轴上跳来跳去。

你不觉得青蛙很可爱吗？
不，青蛙一点都不可爱。你真的见过现实中的青蛙吗？
当然，不过——

这些都是卡通青蛙！
它们都不是真的！

这有什么问题？你也是一只卡通老鼠啊。

呃……倒是没有什么问题……
就像我刚说的，青蛙真的很讨人喜欢，它们就爱跳来跳去，尤其是在数轴上跳来跳去！
好吧，你又在编故事了。

老鼠先生，拜托你让我好好教数学好吗？
这些跳跳蛙会让数轴学习变得更有意思！
救命啊！

数轴是一条直线。在这条直线的适当位置上标有数字。我们注意到数轴上的数字向右不断增大，向左不断减小。

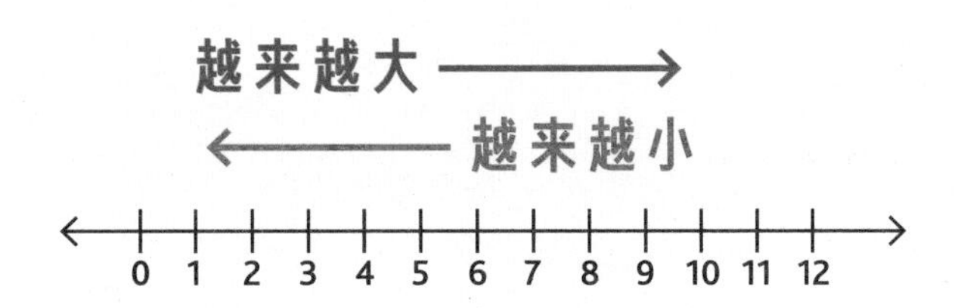

我们可以用数轴来做加减法。做加法，就往右跳；做减法，就往左跳。

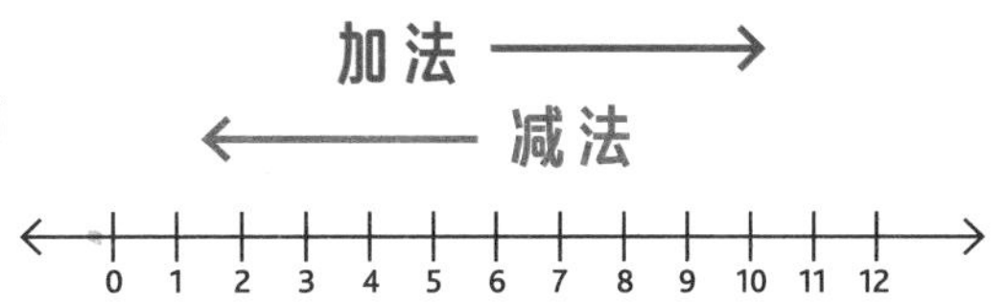

我们可以像这样在数轴上凑出 10：3 + 7 = 10。假设有只青蛙站在 0 的位置，因为第一个数字是 3，所以它先跳到 3 的位置。然后加上 7，它就向右跳 7 格，来到 10 的位置。

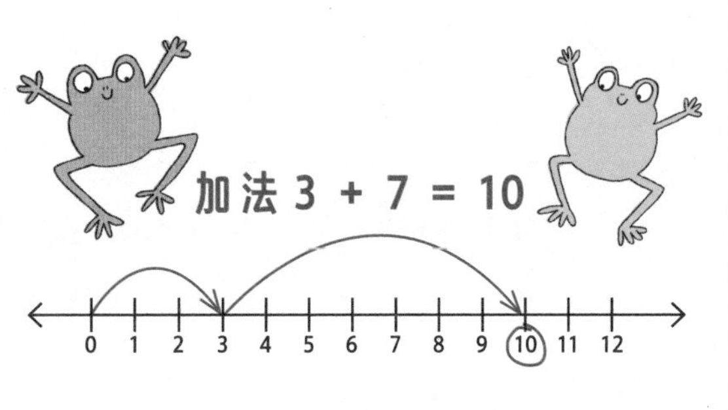

3 + 7 = 10 的另一种跳法：我们也可以让青蛙把 3 当成起始位，再向右跳 7 格。无论哪种方式，我们都能跳到 10 的位置！

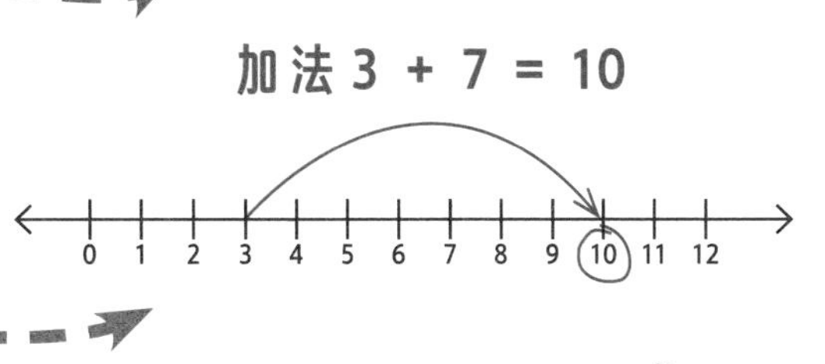

如果要做减法 10 − 7 = 3 呢？很简单，先让青蛙站在 10 的位置，然后向左跳 7 格，就会跳到 3 的位置。你也来试试看吧！

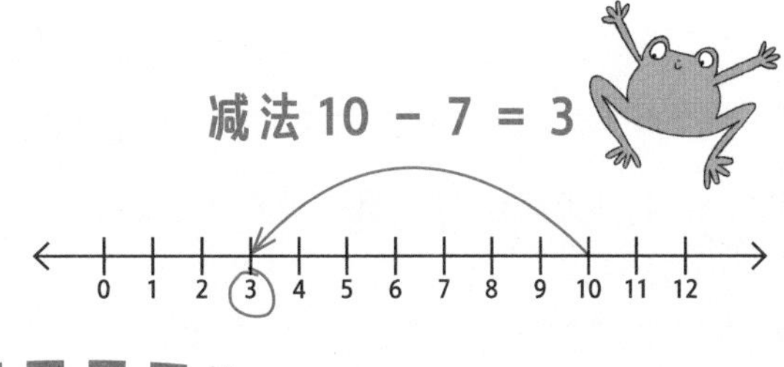

怎么样？知道怎么跳了吧！当然，数轴上并不是只能算有关 10 的加减法，我们可以在数轴上添加或减少任意数字！

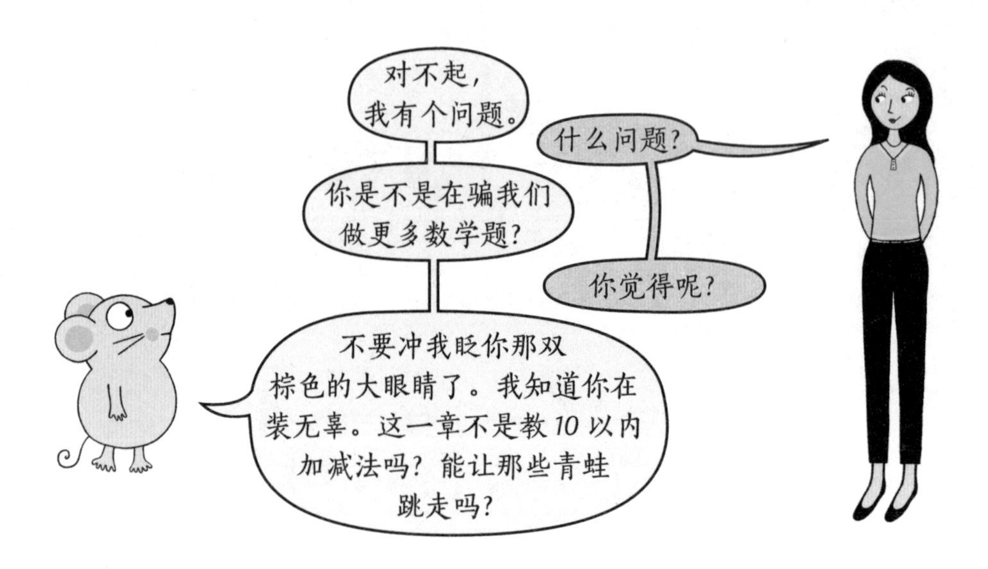

学习笔记

用数轴做加法时，有些老师会让你从首位数开始跳，有些老师会让你从 0 开始跳。这两种方法得到的答案是一样的。下面的两种跳法都能算出 5：

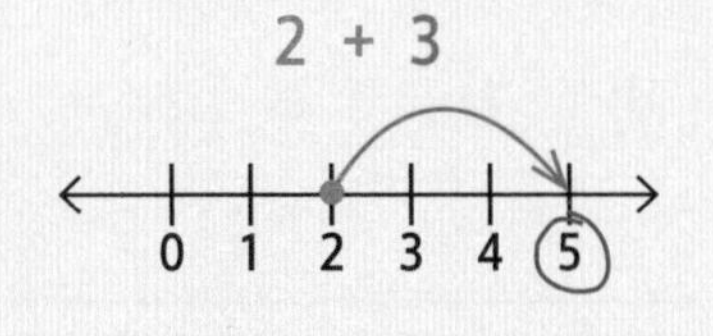

2 + 3

0 1 2 3 4 5

看到了吗？第一种方法从 2 的位置开始跳；第二种方法从 0 的位置开始，再跳到 2 的位置。这两种方法都可以。不过做减法时，第一种方法更好。

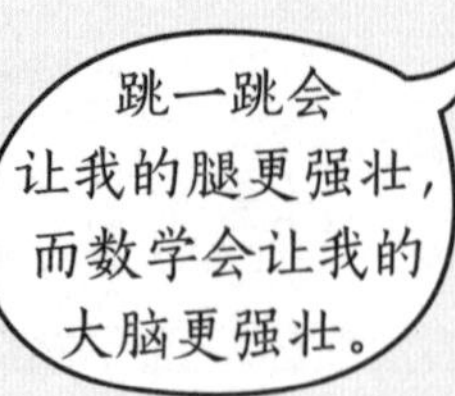

跳一跳会让我的腿更强壮，而数学会让我的大脑更强壮。

用数轴做加减法吧！跳吧，小青蛙，跳吧！我做第 1 题示范给你看！

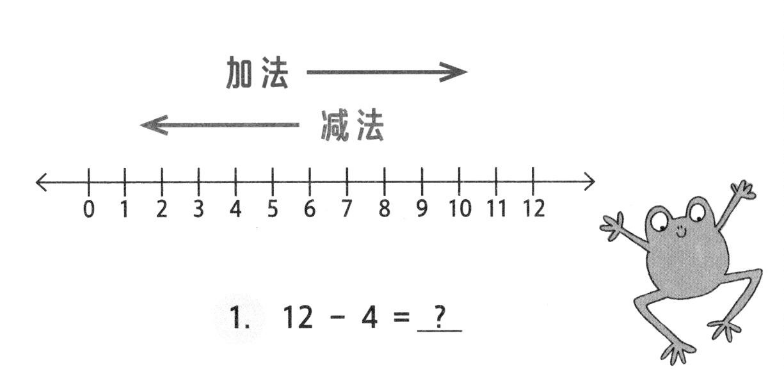

1. 12 - 4 = ?

一起来玩吧：先让我们的小青蛙站在 12 的位置，因为要减去 4，所以就让小青蛙往左跳 4 格——还记得吗？越往左跳数字越小。开始跳吧！

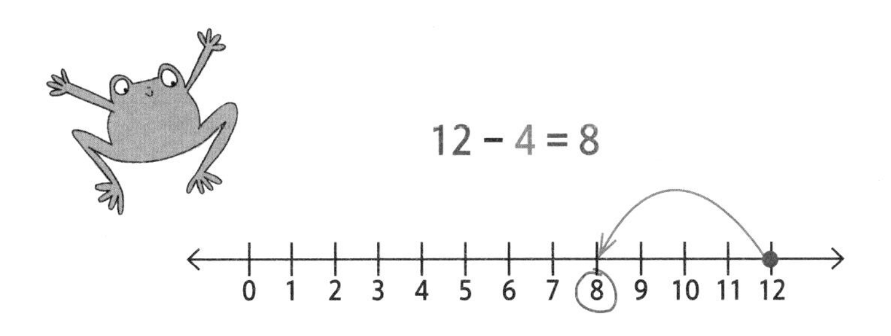

看到没？我们跳到了 8 的位置，这就是答案！ 12 - 4 = 8。完成！

答案：12 - 4 = 8

下面的练习中，你可以自己画数轴，也可以用手指在下一页的数轴上指着数字的位置，然后心算！

往下翻！→

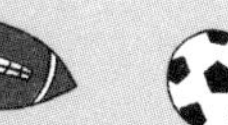

游戏时间！

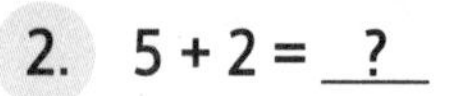

2. 5 + 2 = __?__

3. 11 − 1 = __?__

4. 8 + 3 = __?__

5. 8 − 3 = __?__

6. 6 + 4 = __?__

7. 10 − 3 = __?__

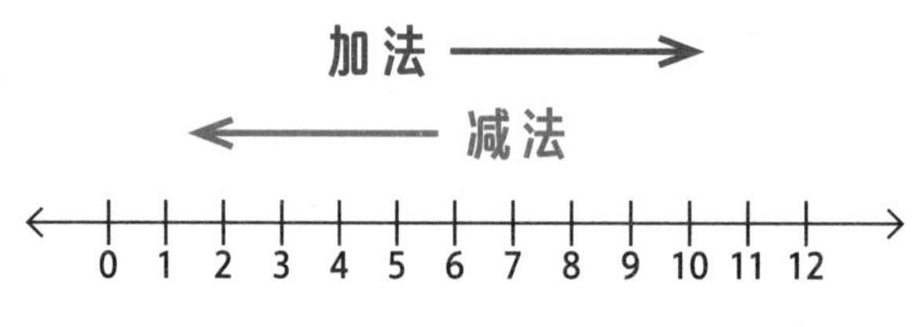
加法
减法
0 1 2 3 4 5 6 7 8 9 10 11 12

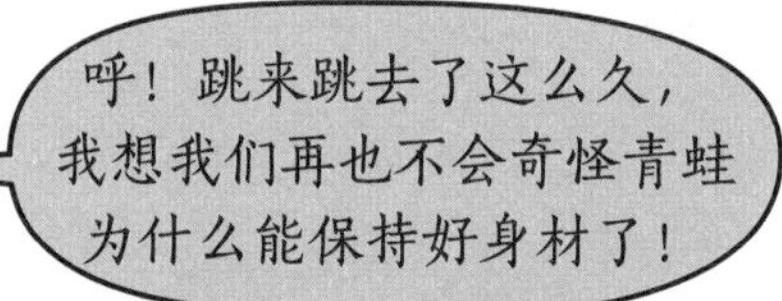
呼！跳来跳去了这么久，我想我们再也不会奇怪青蛙为什么能保持好身材了！

本来就没人感到奇怪呀。

不过，我敢打赌，你肯定想知道青蛙小时候有多可爱吧？

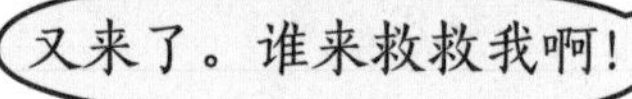
又来了。谁来救救我啊！

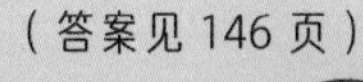
（答案见 146 页）

蝌蚪和青蛙：十格阵！

我们回到凑十法。你知道青蛙宝宝和青蛙长得一点都不像吗？它们被叫作蝌蚪，看起来就像一尾尾小鱼！

想象一下，每只蝌蚪都有一个小房子，它们慢慢长大，长成青蛙。刚开始，它们是这样的：

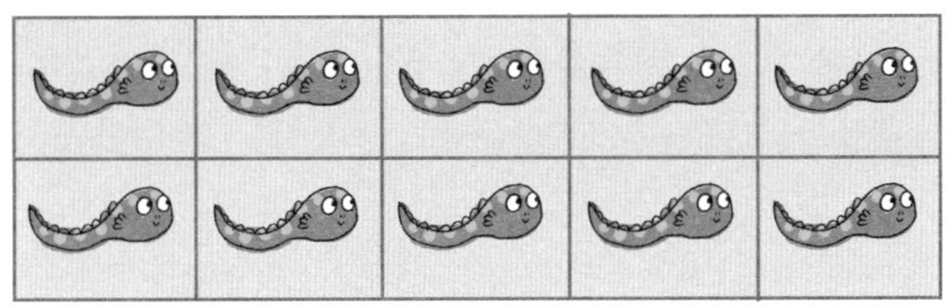

经过几个星期的成长，蝌蚪们摄入充足的营养，开始变成青蛙。这些小家伙总数不变，还是10，只不过我们现在看到1只青蛙加9只蝌蚪。这也是 $1+9=10$ 的一种算法。懂了吗？

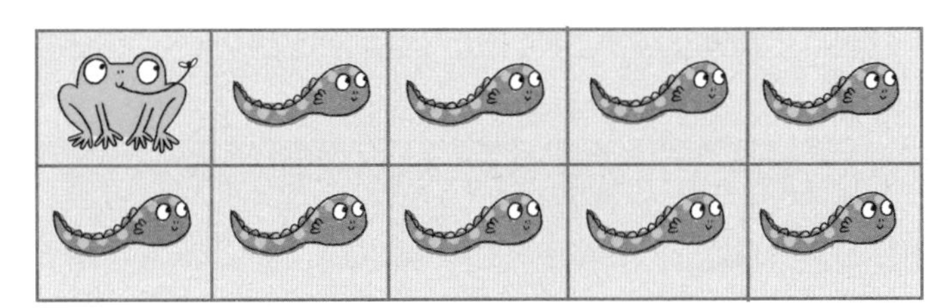

$1 + 9 = 10$

接着往下看，看到3只青蛙和7只蝌蚪，也就是 $3+7=10$。

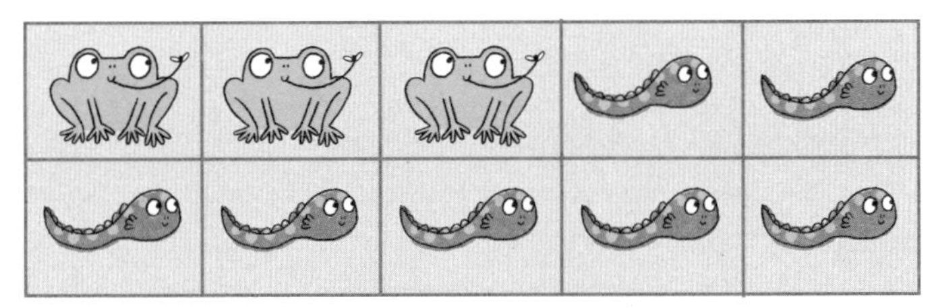

$3 + 7 = 10$

看图写数学等式。我做第 1 题示范给你看！

1.

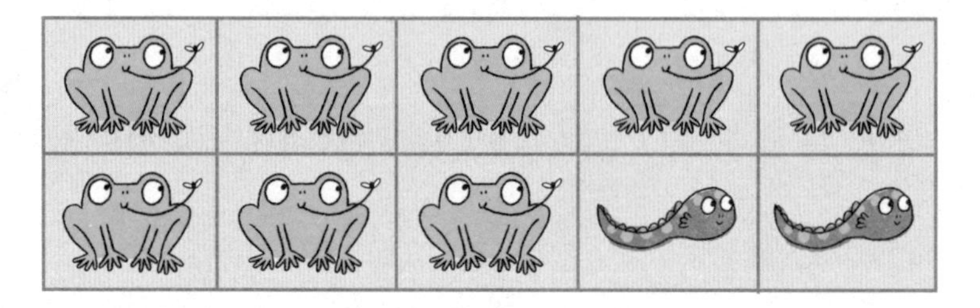

一起来玩吧：我们看到 8 只青蛙和 2 只蝌蚪，总共 10 只小家伙。所以数学等式就是：8 + 2 = 10。完成！

答案：8 + 2 = 10

2.

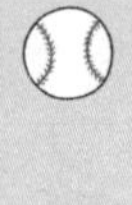

3.

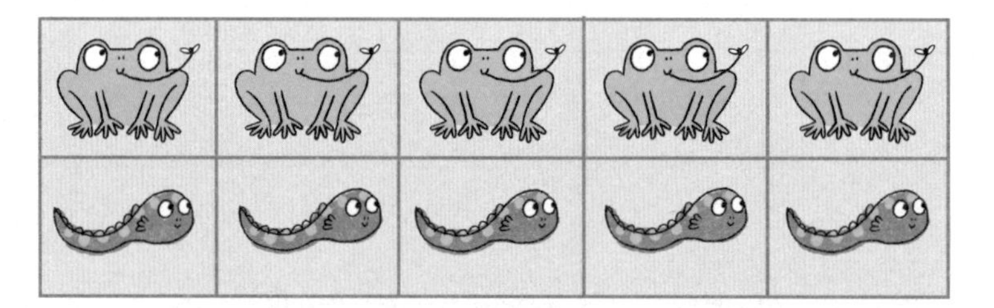

4.

（答案见 146 页）

倒着的外星人脑袋？好饿好饿的小家伙们？数链！

数链由一些可爱的小图形组成：两个小圆圈，每个圆圈中有一个较小的数字；一个长方形，小圆圈中的两个数字加起来就是长方形中那个较大的数字。下面三个数链表示三个不同的数学等式。你看懂了吗？

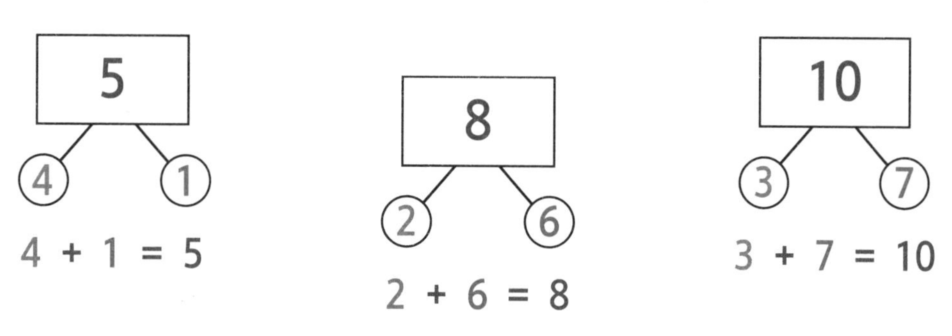

你觉得数链看起来像什么呢？像不像倒着的外星人脑袋？

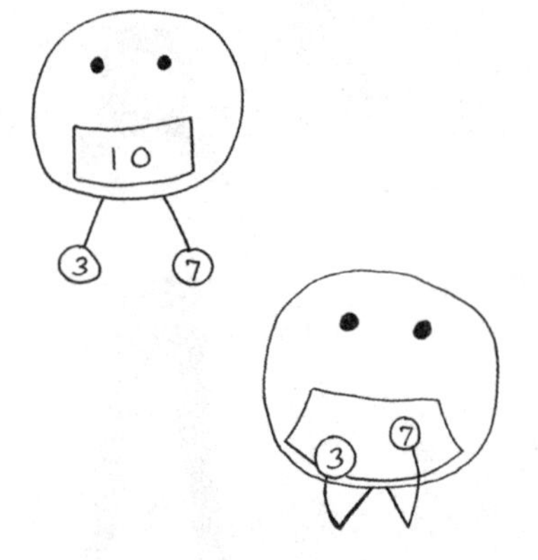

或者，像不像一个长方形嘴巴，上面长出两只小胳膊？我们在嘴巴外面画一个圆脑袋，要是那两只小胳膊有胳膊肘的话，还可以弯过来把那两个较小的数字塞进嘴里。嚼啊嚼，嚼啊嚼，嚼得粉碎，嚼出那个较大的数字！

对，就是这样，3 和 7 被塞进嘴里嚼碎合成了 10。无论把它们想象成什么，这些数链可能会成为你数学课上的老朋友——它们是另一种能帮你更好地练习凑十法的方法！

10 + ？ 数字 11 到 19 的构成法！

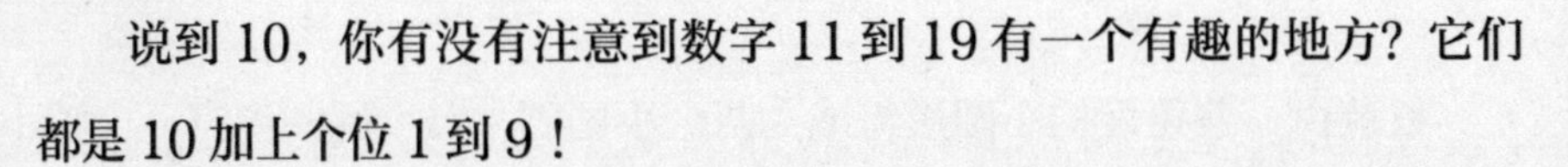

说到 10，你有没有注意到数字 11 到 19 有一个有趣的地方？它们都是 10 加上个位 1 到 9！

10 + 1 = 11　　10 + 2 = 12

10 + 3 = 13　　10 + 4 = 14

10 + 5 = 15　　10 + 6 = 16

10 + 7 = 17　　10 + 8 = 18

10 + 9 = 19

看到没，数字 11 到 19 每个里面都有 1 个十！

真讨厌！为什么10
有这么多算法？十格阵、
数轴、数链和外星人
脑袋……

其实还有很多很多呢！
小时候，我妈妈经常两手拿10支
彩色铅笔。每移动一支笔，我就得
大声说出一个数学等式，用这种方
法我很容易就学会了！

一九一九好朋友，

二八二八手拉手，

三七三七真亲密，

四六四六一起走，

五五凑成一双手。

试试这个：拿 10 支铅笔或圆珠笔，一边念上一页的口诀，一边在两手间移动对应数目的笔，凑出不同的数字 10。

你喜欢用哪两个数字凑出 10 呢？我喜欢 3 + 7 = 10，因为 3 是我最喜欢的数字。
我喜欢 5 + 5 = 10，因为它让我想到自己的臭脚丫。
你最喜欢哪种凑十法呢？

第二章

怎么毁掉一个火鸡三明治：加减法的几组基本形式

为什么就没人
听我的呢？别再读这本书了。
还有，我饿了。
算你运气好，
我们马上就要讲到
做三明治啦！

美味的“基本形式”！

要是你和大多数孩子一样喜欢普普通通的三明治——不要黏糊糊的芥末酱和其他吃起来怪怪的东西，那我可真是太感谢你了！只要普通的面包和普通的火鸡肉？或者火腿？还是和老鼠先生一样，喜欢奶酪三明治？无论你选择哪一种，今天我就想用火鸡三明治来举例，因为这是我最喜欢的三明治，你可阻止不了我。（试试火鸡三明治吧！）

在切片面包中间夹一些火鸡肉，一个火鸡三明治就完成了！没错，这个三明治就是一种“基本形式”。

我们可以把这种形式写成一个“三明治等式”：

火鸡肉＋面包 = 三明治

也可以写成：

面包＋火鸡肉 = 三明治

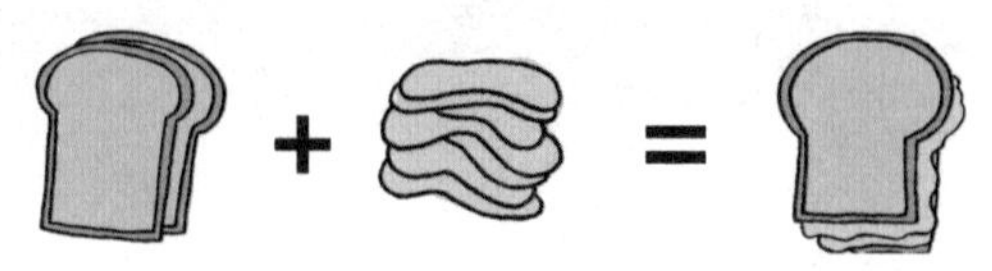

这就是另外一种“基本形式”。当然，它们指的是相同的事实——毕竟它们说的是同一样东西！

那么，如果我们要把原料从三明治里拿出来呢？比如，把火鸡肉拿掉，还有没有三明治了？没有！只剩下面包了。

三明治－火鸡肉 = 面包

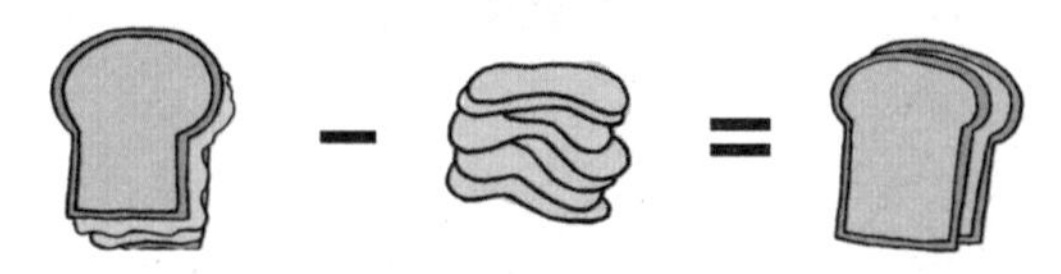

看到没？我们有一个三明治，然后把火鸡肉拿掉（或者说减掉），就只剩下面包了！这就是另外一种“基本形式”，明白了吗？那如果把面包从三明治里拿掉呢？还剩下什么？没错！就只剩下火鸡肉了。“三明治等式”就会变成这样：

三明治－面包 = 火鸡肉

这又是一种“基本形式”。现在我们已经用三样相同的原料创造出了四种“基本形式”——所有这些基本形式都是互相关联的。

火鸡肉＋面包 = 三明治	面包＋火鸡肉 = 三明治
三明治－火鸡肉 = 面包	三明治－面包 = 火鸡肉

我们也可以用数学等式创建“基本形式”哦！

加减法的“基本形式”是指一组由加法和减法组成的“算式家族”。这些“基本形式”所用到的数字相同。例如以下几个等式：

$4+5=9$	$5+4=9$
$9-5=4$	$9-4=5$

减法等式的首位数是最大数。明白吗？我们首先得做出一个完整的三明治，然后才能毁掉它。以下是另一组“基本形式”：

这章倒不难。

$2+10=12$	$10+2=12$
$12-10=2$	$12-2=10$

如果把这组“基本形式”用三明治表示出来，就是下面这样。很容易对不对？

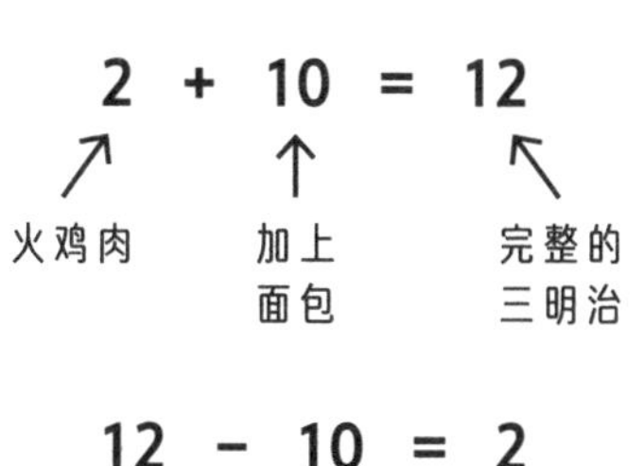

10 + 2 = 12

面包 / 加上火鸡肉 / 完整的三明治

12 - 10 = 2

三明治 / 拿掉面包 / 剩下火鸡肉

12 - 2 = 10

三明治 / 拿掉火鸡肉 / 剩下面包

饭盒：部分—部分—整体！

你能想象一整天都把三明治、苹果和水壶夹在胳肢窝里吗？要是把这些都装在饭盒里就容易多了，对不对？

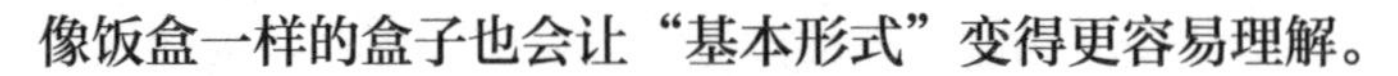

像饭盒一样的盒子也会让“基本形式”变得更容易理解。

10 整体	
6 部分	4 部分

有的人把它叫作“部分—部分—整体”框。因为它由三明治的两个“部分”加起来变成一个三明治“整体”。这仍然包含四个数学等式，只不过是用更简洁的方式写出来。

很多教材会写一个“基本形式”里有八个等式，而不是四个。这种说法只不过是把答案放在前面，再把四个等式重写一遍。例如：10 = 6 + 4，10 = 4 + 6，4 = 10 − 6，6 = 10 − 4。在我看来，这种写法有点多余。不过你们还是要听老师的，老师让你们怎么写就怎么写，不然他们可能会生我的气！

一个“部分—部分—整体”框用三个数字表示一组“基本形式”。把最大的数写在最大的框里，把另外两个数写在小框里，这两个小一点的数加起来就等于最大的数。这三个数一起表示一整组“基本形式”。例如：

10	
6	4

表示 →

6 + 4 = 10　　4 + 6 = 10

10 − 6 = 4　　10 − 4 = 6

有时“整体”会在“部分”上面，有时“整体”会在“部分”下面，这两种形式都是可以的。只要记住，代表“整体”的最大的数永远都在最大的框里。

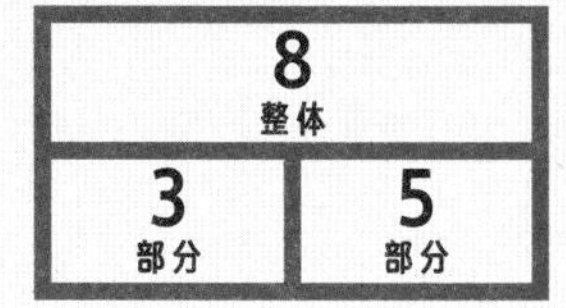

3
部分
5
部分
8
整体

这只是同一组“基本形式”的两种写法。

要是“整体”在下面，上面的“部分”不会掉下来吗？
你是不是觉得自己这句话说得很妙？
嘿嘿，我也能“妙语如珠”呢！

无论哪种情况，只要把它当成三明治就好。记住，最大的数永远都是一整个三明治。

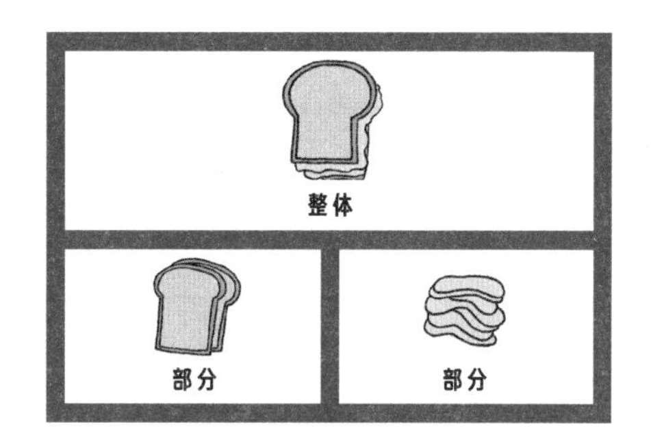

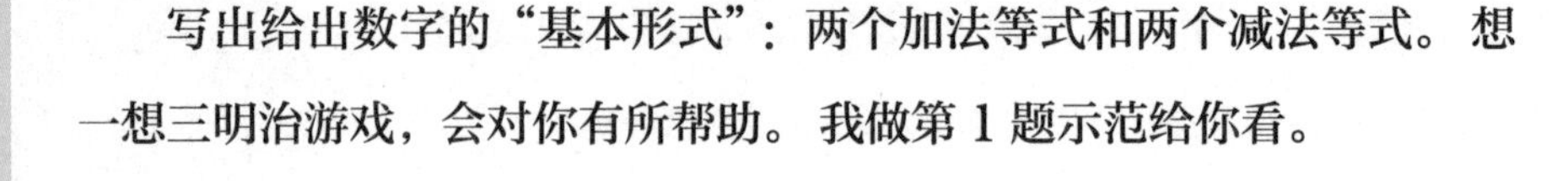
写出给出数字的“基本形式”：两个加法等式和两个减法等式。想一想三明治游戏，会对你有所帮助。我做第 1 题示范给你看。

1.

5 整体	
2 部分	3 部分

一起来玩吧：来做三明治啦！最大的数是 5，所以 5 就是一整个三明治，对吧？数字 2 和 3 就是面包和火鸡肉。因此可以用 2 + 3 = 5，或者 3 + 2 = 5 来做三明治。现在我们要毁掉这个三明治！可以用 5 - 2 = 3，或者 5 - 3 = 2 来拆分它。（不一定非要用三明治，只是我知道老鼠先生喜欢三明治。）完成！

答案：2 + 3 = 5，3 + 2 = 5，5 - 2 = 3，5 - 3 = 2

2.

9 整体	
1 部分	8 部分

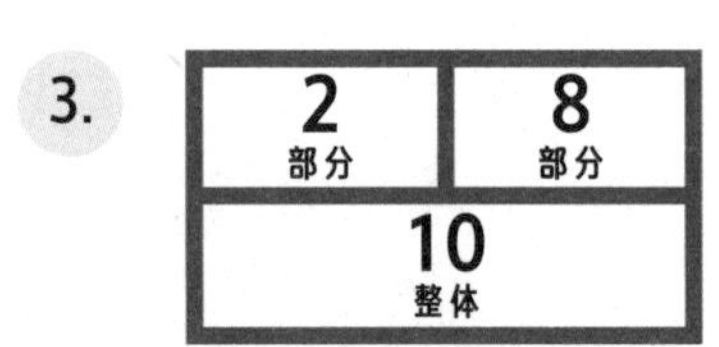
3.

2 部分	8 部分
10 整体	

4.

6 整体	
3 部分	3 部分

5.

4 部分	3 部分
7 整体	

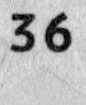

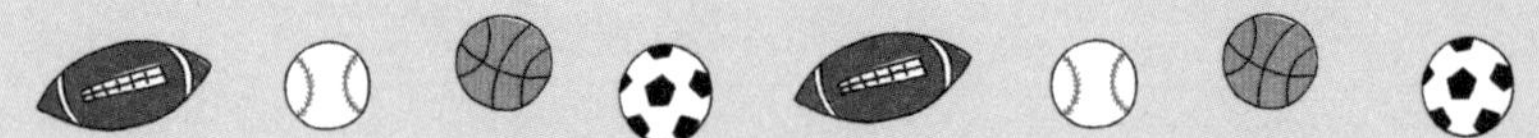

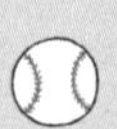

现在你应该能算出框里缺少的那个数（可能是火鸡肉、面包，或者一整个三明治）了吧。填上数字，画全“部分—部分—整体”框。我做第 1 题示范给你看。

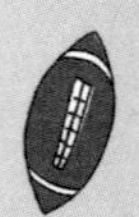

1.

5 整体	
2 部分	3 部分

一起来玩吧：嗯，整个三明治是 10，一个“部分”是 0，0 加上几等于 10 呢？对了，要加上 10！所以就在框里写上 10。完成！

答案：10

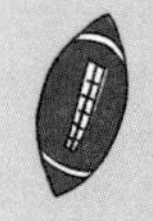

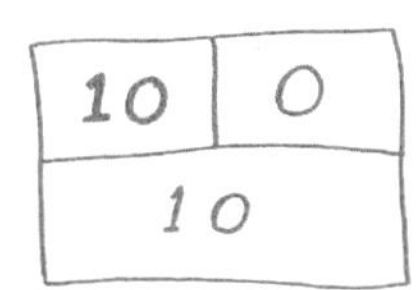

2.

1 部分	? 部分
10 整体	

3.

10 整体	
2 部分	? 部分

4.

? 部分	4 部分
7 整体	

5.

9 整体	
4 部分	? 部分

6.

3 部分	7 部分
? 整体	

7.

13 整体	
10 部分	? 部分

8.

2 部分	? 部分
2 整体	

9.

12 整体	
6 部分	? 部分

10.

11 整体	
? 部分	5 部分

（答案见 146 页）

侦探游戏！找到缺失的数字

现在我们要像小侦探一样把这些等式中缺失的数字找出来。

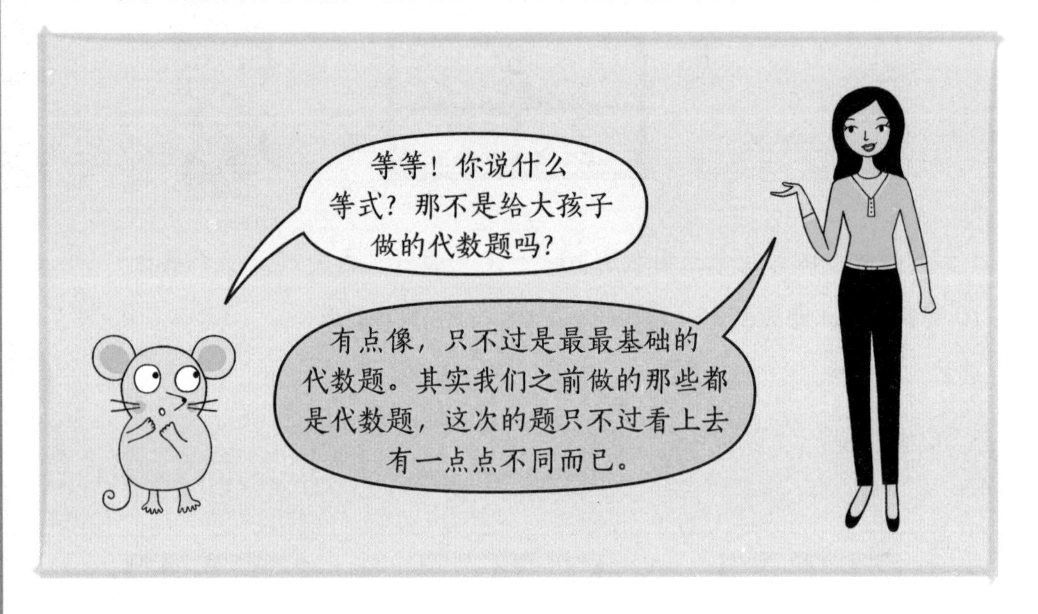

等等！你说什么等式？那不是给大孩子做的代数题吗？
有点像，只不过是最最基础的代数题。其实我们之前做的那些都是代数题，这次的题只不过看上去有一点点不同而已。

这次不用在框里填空，而是在一个等式中填空——就是下面这种数学等式：

$$4 + ? = 10$$

我们可以用“几”来完整念出这个等式：“4 加几等于 10？”试试大声念出这个等式吧！

解数学题太好玩了，就像玩游戏，来找出正确答案吧！

答案是几呢？是 **6**！我们可以把这个等式写成：4 + **6** = 10。真棒！我们也可以用一朵花、一辆车，或者字母 *x*、*y*、*z* 来代替等式中的问号！其实，用什么来代表这个空格无关紧要，我们的任务是要找出空格中的那个数，让等式成立。

举个例子：

$$9 - \quad = 4$$

我们知道这里的 代表**5**，因为只有这样，等式才成立：$9-\mathbf{5}=4$。明白了吗？

还可以举更多的例子：

$$4 + 2 = $$

这里的 肯定是**6**，因为$4+2=\mathbf{6}$。

$$ - 2 = 7$$

这里的 肯定是**9**，因为$\mathbf{9}-2=7$。

$$10 - ? = 3$$

这里的？肯定是**7**，因为$10-\mathbf{7}=3$。

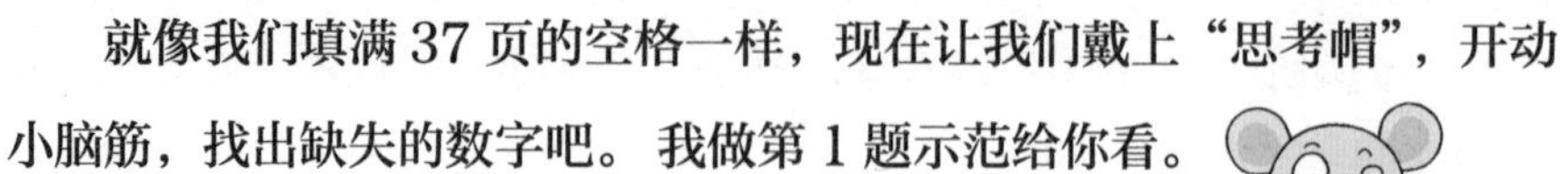

就像我们填满 37 页的空格一样，现在让我们戴上“思考帽”，开动小脑筋，找出缺失的数字吧。我做第 1 题示范给你看。

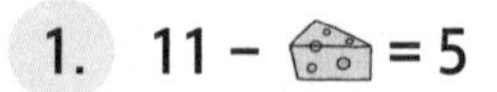

1. 11 - = 5

一起来玩吧：嗯，这里的奶酪是几呢？快快戴上你的“思考帽”，开动小脑筋吧。首先，11 是一整个三明治还是部分呢？肯定是一整个三明治，所以我们要从整体 11 中拿掉一部分，只剩下 5。明白了吗？你也可以像 37 页那样，把框画出来：

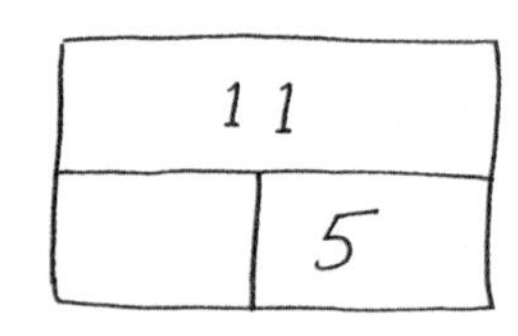

5 加上几等于 11，才能得到一整个三明治呢？没错，答案是 6，因为 5 + 6 = 11。这个缺失的部分就是 = 6。现在我们把等式写出来：11 - 6 = 5。完成！

答案：11 - 6 = 5

2. 2 + ? = 5　　3. 8 + 3 = ♥　　4. 9 - ? = 4

5. 7 - = 4　　6. ? - 1 = 8　　7. + 6 = 8

8. - 3 = 7　　9. 7 - ? = 2　　10. 10 + = 17

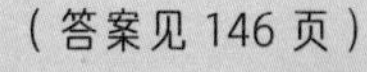

（答案见 146 页）

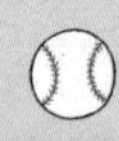

戴上你的“思考帽”！

你可能注意到了，我在前面几次提醒你戴上“思考帽”。什么是“思考帽”呢？它是一顶想象出来的帽子，能帮我们集中精神，为解决问题做好准备！你的“思考帽”是什么样呢？你可以拿出一张纸，画出属于自己的“思考帽”，或者亲手做出“思考帽”，只要发挥想象力就行！你喜欢打橄榄球吗？那就做一顶橄榄球头盔“思考帽”！或是一顶亮闪闪的王冠“思考帽”，就是女王戴的那种王冠。也可以是一顶海盗帽，甚至那种发光的棒球帽也很酷！任何能赐予你力量、让你变得更强大的帽子都行！

你想象自己戴上这顶“思考帽”，觉得自己真的变聪明、变强大了，能够解决任何数学难题了，就对自己说一句：“我能行！”

加法表

我们已经明白“基本形式”的运算原理，现在我们来看一张加法表！

这张表是这样用的：如果要把两个数加起来，比如5 + 6，我们就把一根手指指到第一行5的位置，另一只手的手指指到左边第一列6的位置，然后两根手指向图中间移动，直到两根手指相碰。注意，手指要确保在同一行、同一列移动！在这一题中，两根手指在“11”相遇了！所以5 + 6 = 11。

加法表

+	0	1	2	3	4	5	6	7	8	9	10
0	0	1	2	3	4	5	6	7	8	9	10
1	1	2	3	4	5	6	7	8	9	10	11
2	2	3	4	5	6	7	8	9	10	11	12
3	3	4	5	6	7	8	9	10	11	12	13
4	4	5	6	7	8	9	10	11	12	13	14
5	5	6	7	8	9	10	11	12	13	14	15
6	6	7	8	9	10	11	12	13	14	15	16
7	7	8	9	10	11	12	13	14	15	16	17
8	8	9	10	11	12	13	14	15	16	17	18
9	9	10	11	12	13	14	15	16	17	18	19
10	10	11	12	13	14	15	16	17	18	19	20

这张加法表能起到很好的参考作用，不过，比起依赖加法表，更好的方法还是依靠自己的努力，找到适合自己的方法。这里有一些能让加法变得更简单的小窍门！

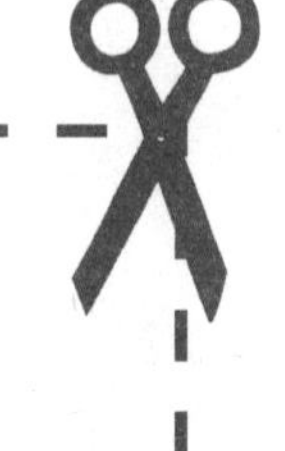

快捷方法：
可以抄近道哟！

加法小窍门

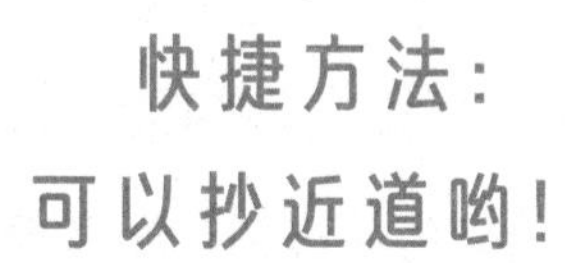

教你一个关于加法的超棒的小窍门：要在任何一个较小的数上加上一个数，只要“数一数”就能找到答案。例如：11 + 2 =？我们从较大的数 11 开始“数一数”——数 2 步——“12，13”，这就是答案：11 + 2 = 13。如果 3 + 9 呢？还是从较大的数 9 开始“数一数”——数 3 步——“10，11，12”。明白了吗？

5 的加法

5 + 1　　5 + 2　　5 + 3　　5 + 4　　5 + 5　　5 + 2 = 7

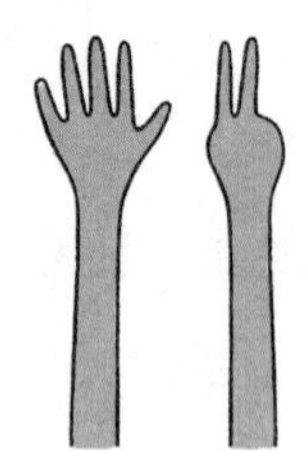

5 加上 5 以内的数字，就像数手指一样容易！可以画出你的手（直接用手也行），你可能连数都不用数，就能得出答案啦！

凑十法

还记得第一章中我们学过的凑十法吗？学习各种凑十法对我们很有帮助。比如，看到 4 + 7 = ？，你可能会想：“嗯，我已经知道 4 + 6 = 10，我猜 4 + 7 = 11。”因为 7 比 6 大 1，所以答案肯定是比 10 大 1 的数！

双数

41 页的加法表中按对角线排列的一串紫色的数字，它们其实就是一个数加上它自己！就像一个数在照镜子。天哪！这些数可真够臭美的。话说回来，毕竟它们是人气数字，所以我们要尽最大努力学会它们。

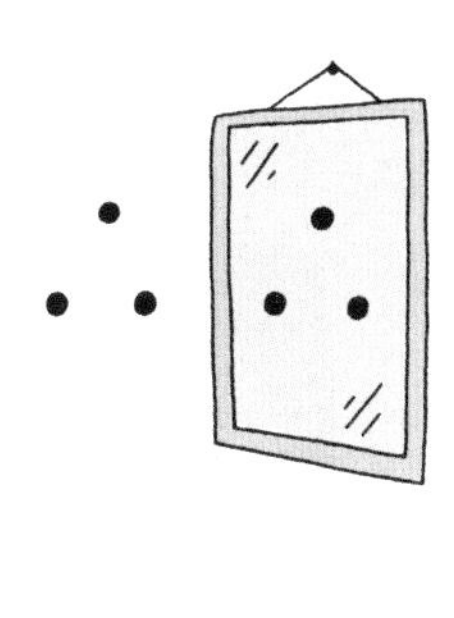

它们来啦！

1 + 1 = 2	2 + 2 = 4	3 + 3 = 6	4 + 4 = 8	5 + 5 = 10
6 + 6 = 12	7 + 7 = 14	8 + 8 = 16	9 + 9 = 18	10 + 10 = 20

我会在第六章中教你更多加法小窍门来做像 6 + 6 = 12 这样较大数的加法。到时我们会用到杯子蛋糕的烤盘，又简单又好玩，敬请期待！

第三章

美味的杯子蛋糕和小面包！

位值

故事时间到了。
故事时间？我还不累！我还不想睡觉！
不是那种睡前故事啦。听完这个故事，你就会发现学习**位值**其实挺容易的。
位值？等等，这听起来好吓人！我能去睡觉了吗？
乖乖听着。相信你会喜欢我的朋友琳琳和拉里的。他俩做的东西可好吃了。
那好吧……我听一听……

这两位是琳琳和拉里！

面包烤盘和小面包：数啊数，我真的数腻了！

很久很久以前，有位叫琳琳的面包师。她会做好多好多热乎乎的小面包给别人吃。她的双胞胎弟弟拉里是她的好帮手。

大家都喜欢琳琳做的小面包。琳琳的面包越做越多！拉里把客人们订购的面包送到他们的车上，可拉里不太会数数，面包拿起来也不方便。数啊数，他真的数腻了！更糟的是，手里拿的面包还常常掉到地上！后来他们想出了一个好办法——用烤盘来帮助拉里送面包。你看，所有的烤盘大小相同，每个烤盘都能装 10 个小面包。这样就不用一个个数出 10 个小面包了……

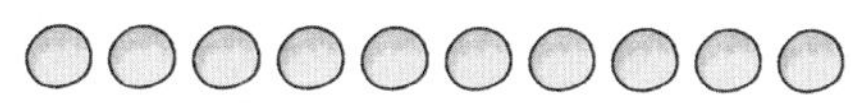

现在只要把一个烤盘装满——当当！不用数就知道里面装的肯定是 10 个小面包！太棒了！

如果有人订了 14 个小面包，琳琳只要装满 1 个烤盘，再加上 4 个小面包，就像这样：

+

10　+　4　=　1　4　面包总数

烤盘　单个小面包

如果有人订了 21 个小面包，琳琳只要装满 2 个烤盘，再加上 1 个小面包，就像这样：

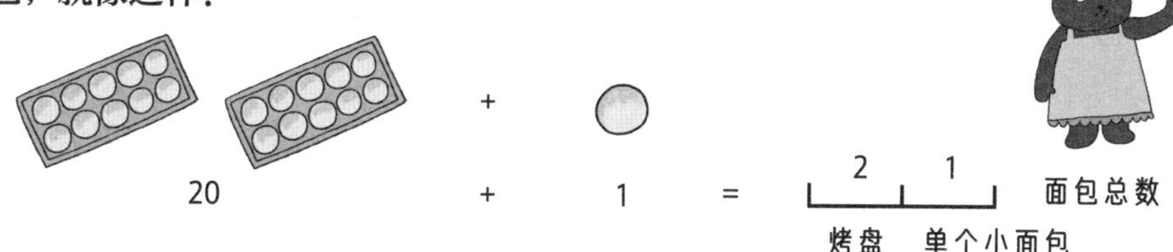

利用烤盘是个很好的办法，能把小面包总数记下来，省去了一个个数面包的麻烦。

“每个烤盘装 10 个小面包。”琳琳告诉拉里，“装起来很容易，拿起来很方便！别再皱起小眉头，咧开嘴巴笑一笑。什么时候都可以，快把烤盘用起来！”

看到等号“=”的时候，我们要知道它的意思是“等于”。念数学等式时，我们的脑海中要自动浮现出它的意思。比如：

2 + 3 = 5

念成：2 加 3 等于 5。

8 − 2 = 6

念成：8 减 2 等于 6。

3 个烤盘 = 30 个小面包

3 个烤盘等于 30 个小面包。

因为每个烤盘能装 10 个小面包，所以：

2 个烤盘等于 20 个小面包

3 个烤盘 = 30 个小面包　　　4 个烤盘 = 40 个小面包

看出其中的规律了吗？5 个烤盘有多少个小面包呢？没错，有50 个小面包！

试试下面的填空题，大声说出答案吧！

6 个烤盘 = __?__ 个小面包　　　7 个烤盘 = __?__ 个小面包

8 个烤盘 = __?__ 个小面包　　　9 个烤盘 = __?__ 个小面包

先写出图中有几个烤盘和几个单个的小面包，再把它们加起来算出总数！

我做第 1 题示范给你看。

1. 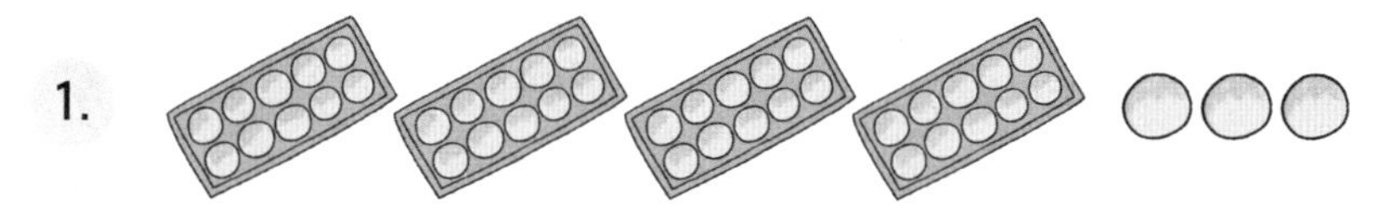

有几个烤盘？几个单个小面包？再算一算，总共有多少个小面包？

? ?
烤盘 单个小面包

一起来玩吧：嗯，图中有 4 个烤盘，把 4 填在“烤盘”的位置，还有 3 个单个小面包，把 3 填在“单个小面包”的位置。哇！总共有 43 个小面包。好多小面包啊！不用一个个数，真是太好了！

答案：

4 3 共 43 个
烤盘 单个小面包

2. 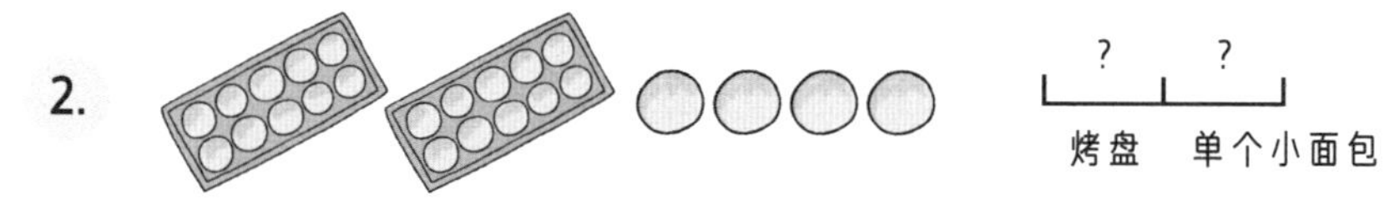

? ?
烤盘 单个小面包

有几个烤盘？几个单个小面包？再算一算，总共有多少个小面包？

3. 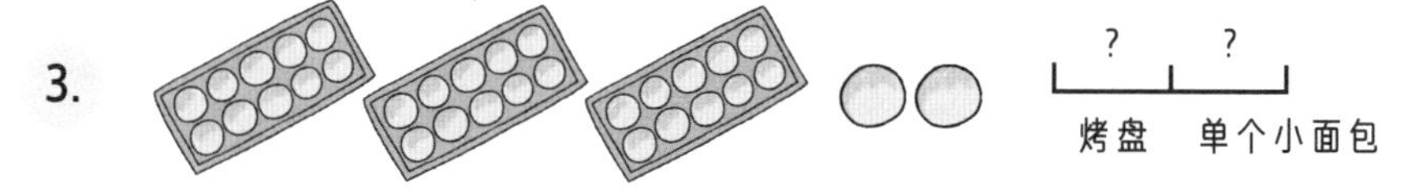

? ?
烤盘 单个小面包

有几个烤盘？几个单个小面包？再算一算，总共有多少个小面包？

4. 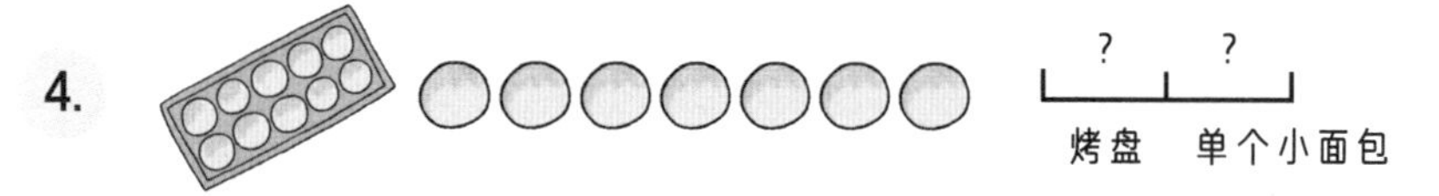

? ?
烤盘 单个小面包

有几个烤盘？几个单个小面包？再算一算，总共有多少个小面包？

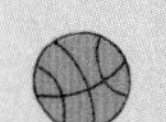

（答案见 146 页）

一块蛋糕的位值

听说过“值”这个概念吗？它表示一个东西的大小或重要程度。一大块蛋糕的“值”大于一小块蛋糕的“值”。一块放在桌上的蛋糕的“值”也比一块扔在垃圾桶里的蛋糕大，对吧？（别去翻垃圾桶找蛋糕呀！太恶心了！）有时，一个东西所处的位置也会改变它的“值”！对数字来说也是这样——这就是“位值”的概念。

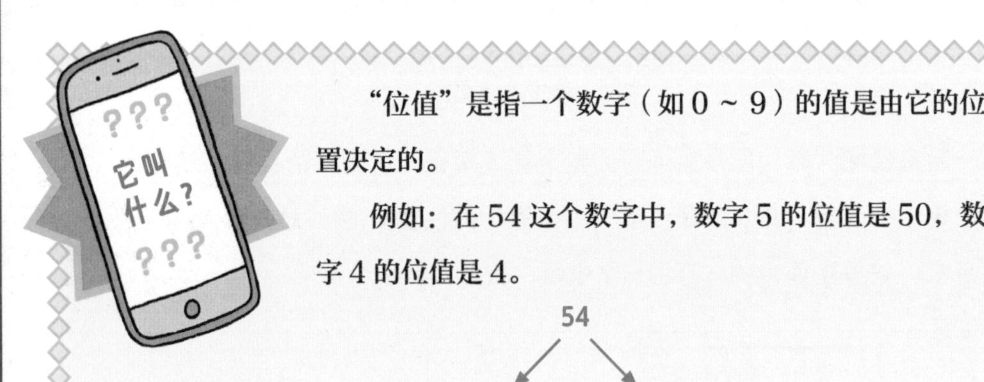

“位值”是指一个数字（如 0 ~ 9）的值是由它的位置决定的。

例如：在 54 这个数字中，数字 5 的位值是 50，数字 4 的位值是 4。

54

5 的位值是“50”　　4 的位值是“4”

可能你听说过“位值”这个概念。在 47 页的游戏中，我们知道如果数字 3 在烤盘的位置上，它就代表 30 个小面包。要是数字 3 在单个小面包的位置上，它就代表 3 个小面包。所以数字 3 的位值——它代表多少个小面包——取决于它的位置在哪里。这就是位值！

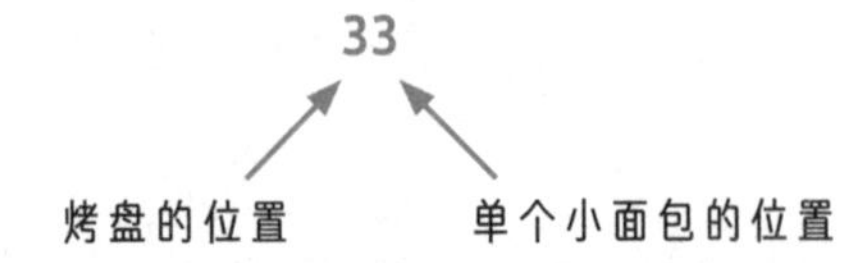

数字所在的位置不同，它所代表的含义也不同。数字 3 在左边时的位值明显大于在右边时，你看出来了吗？

琳琳和拉里又要做小面包啦！他们烤了好多好多小面包，要用好多好多烤盘装起来！他们需要我们的帮助！如果他们把小面包的总数写出来，我们能不能帮他们算出需要几个烤盘、几个单个小面包呢？没错，我们肯定行！

我做第 1 题示范给你看。

1. 总共 15 个小面包，需要 __?__ 个烤盘和 __?__ 个单个小面包。

一起来玩吧：好吧，小面包的总数是 15，可以看出烤盘的位置上是"1"，所以肯定需要 1 个完整的烤盘和 5 个单个小面包！

答案：1 个烤盘和 5 个单个小面包。

2. 总共 24 个小面包，需要 __?__ 个烤盘和 __?__ 个单个小面包。
3. 总共 45 个小面包，需要 __?__ 个烤盘和 __?__ 个单个小面包。
4. 总共 84 个小面包，需要 __?__ 个烤盘和 __?__ 个单个小面包。
5. 总共 19 个小面包，需要 __?__ 个烤盘和 __?__ 个单个小面包。
6. 总共 37 个小面包，需要 __?__ 个烤盘和 __?__ 个单个小面包。
7. 总共 80 个小面包，需要 __?__ 个烤盘和 __?__ 个单个小面包。
8. 总共 61 个小面包，需要 __?__ 个烤盘和 __?__ 个单个小面包。
9. 总共 28 个小面包，需要 __?__ 个烤盘和 __?__ 个单个小面包。

（答案见 146 页）

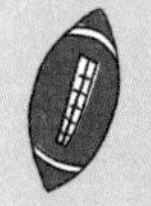

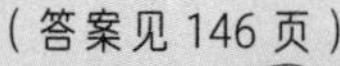

烤盘和单个小面包＝十和一：十格阵的回归

好吧，现在我要告诉你一个秘密：烤盘和单个小面包就像十和一！烤盘的位置就是十位，单个小面包的位置就是个位。

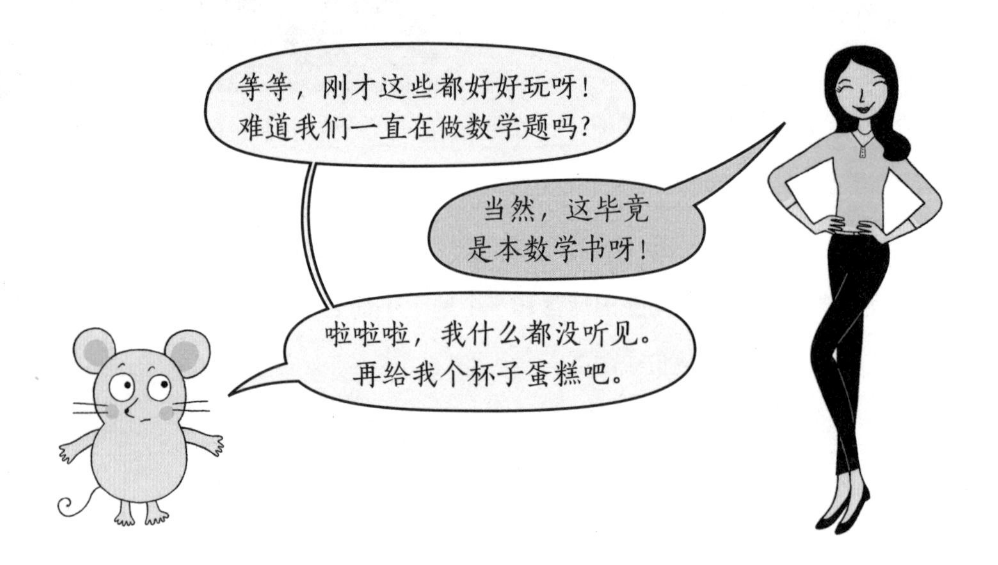

等等，刚才这些都好好玩呀！难道我们一直在做数学题吗？
当然，这毕竟是本数学书呀！
啦啦啦，我什么都没听见。再给我个杯子蛋糕吧。

无论是烤盘和单个小面包，还是十和一，它们的运算过程都是一样的。把十格阵当成杯子蛋糕的烤盘，你肯定能算得很棒！

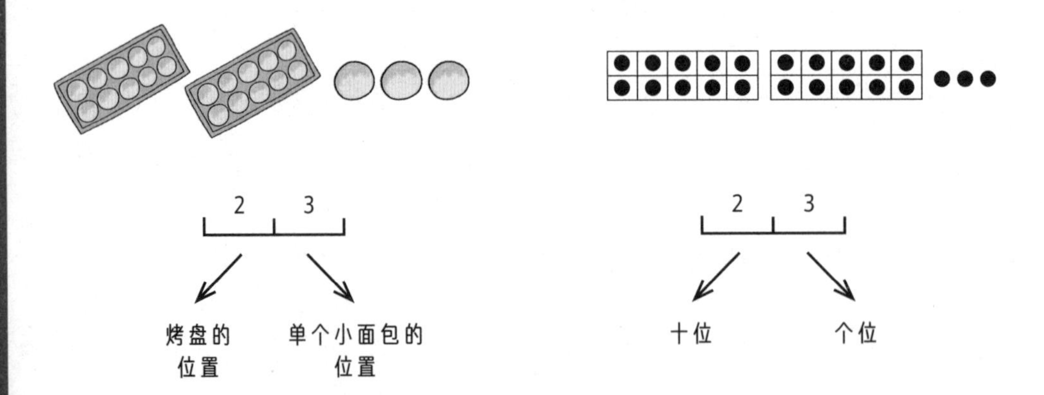

这里的两个数字“2”的意思可不一样哦！

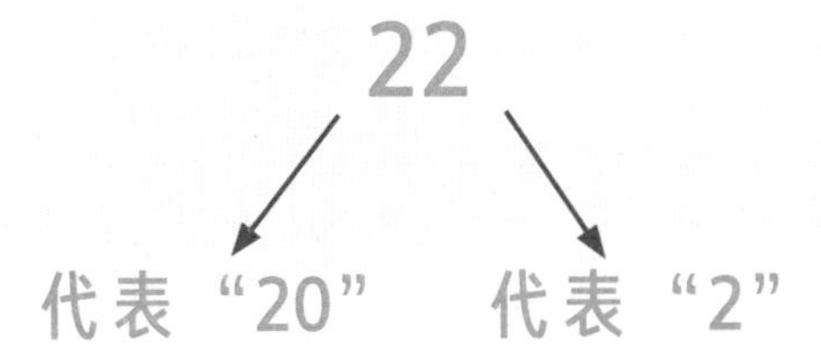

也就是说：20 + 2 = 22

现在我们不用烤盘和小面包来做游戏，改用十和一再玩一次同样的游戏吧。

有几个十，几个一？你能算出总数吗？我做第1题示范给你看。

1. 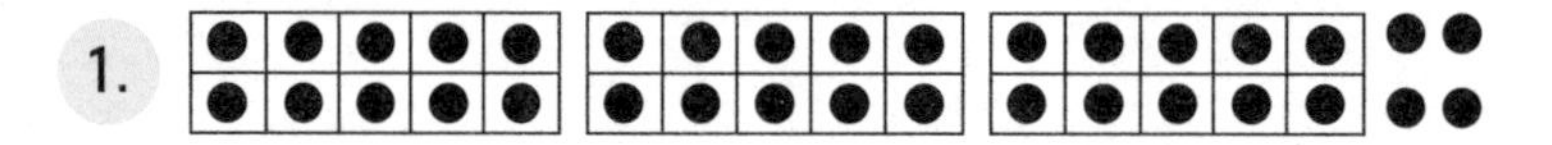

___?___ 个十，___?___ 个一。

总数：___?___

一起来玩吧：嗯，我们看到三个大大的十格阵——就像杯子蛋糕的烤盘！所以说有3个十。我们又看到单个的四个点，所以有4个一。所以一共有34个点！

答案：有3个十，4个一，总数是34。

2.

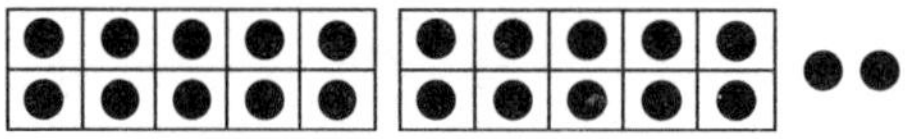

___?___ 个十，___?___ 个一。

总数：___?___

3.

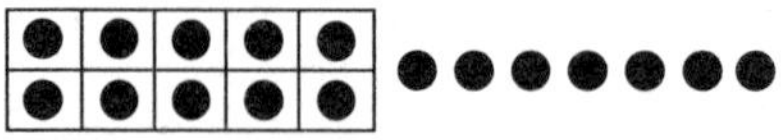

___?___ 个十，___?___ 个一。

总数：___?___

4.

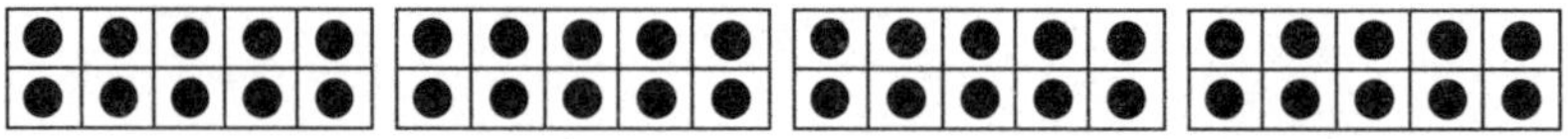

___?___ 个十，___?___ 个一。

总数：___?___

我们能一眼看出某个数里有几个十和几个一吗？当然可以。就像之前我们在 49 页玩的游戏那样，只不过把烤盘和单个小面包换成了十和一。我做第 1 题示范给你看。

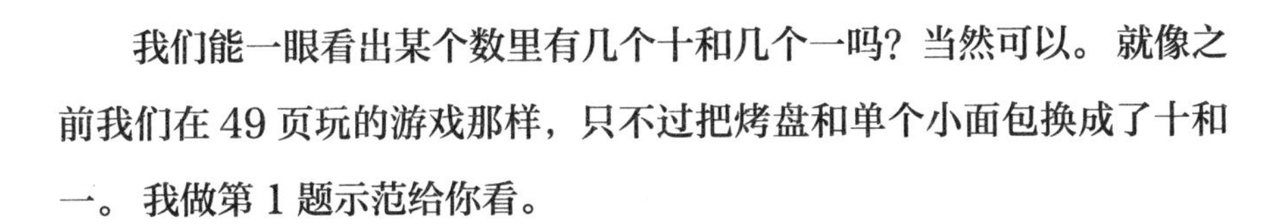

1. 60 里有 ? 个十，? 个一。

一起来玩吧：嗯，我看到烤盘的位置——也就是十位上的数字是 6——所以有 6 个十。个位上的数字是 0，所有没有单个小面包。

答案：60 里面有 6 个十，0 个一。

2. 36 里有 ? 个十，? 个一。

3. 63 里有 ? 个十，? 个一。

4. 59 里有 ? 个十，? 个一。

5. 12 里有 ? 个十，? 个一。

6. 45 只绿色的小鸟。这里的 5 代表什么呢？

7. 82 只紫色的河马。这里的 8 代表什么呢？

8. 58 只橘色的猴子。这里的 8 代表什么呢？

9. 50 只棕熊宝宝。这里的 5 代表什么呢？

（答案见 146 ~ 147 页）

丁零当啷：一分钱和一角钱！

亮闪闪的硬币真好看——有些硬币还相当狡猾呢！1 个一分硬币就是一分钱，10 个一分硬币等于一角钱。也就是说，1 角等于 10 分。每个一角硬币背后就有 10 个一分硬币。如果把这 10 个一分硬币藏在蛋糕烤盘里呢？

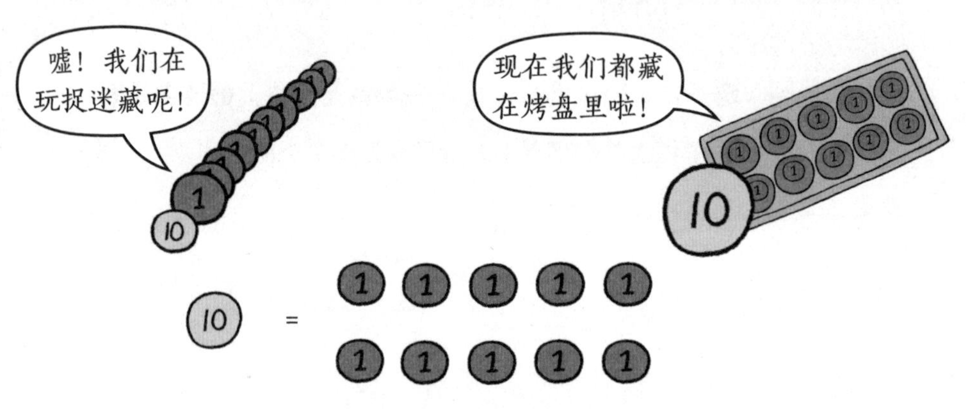

嘘！我们在玩捉迷藏呢！
现在我们都藏在烤盘里啦！

1 角 = 10 分

假设我们有 10 个小面包，可以把它们放进烤盘里，对吧？如果我们有 10 个一分硬币，我们可以用它们交换 1 个一角硬币！20 个一分硬币就是 2 个一角硬币，30 个一分硬币就是 3 个一角硬币，可以一直这样等价兑换下去。

假装我们面前有个大大的存钱罐，里面装满了一角硬币和一分硬币。现在有人问我们要 32 分钱。我们可以直接从存钱罐里抓出 32 个一分硬币。可这样要数很久，要是换成一角硬币就方便多了，对吧？要抓多少个一角硬币和多少个一分硬币呢？因为 1 角 = 10 分，所以我们可以把 32 写成这样：

3	2
一角硬币数	一分硬币数

真棒！我们要拿出 3 个一角硬币和 2 个一分硬币。这可比数 32 个一分硬币容易多啦！

这个小窍门很有趣吧！前提是我们知道 1 角 = 10 分这个钱币换算关系。（我们会在第四章 67 页学习更多和钱有关的计算。）

试试这个：找出一大堆一分和一角的硬币，试试 56 页上的游戏，看看你能想出几种不同的算法。比如：21 分可以是 2 个一角硬币和 1 个一分硬币，也可以是 1 个一角硬币和 11 个一分硬币，或者就是 21 个一分硬币。

一分硬币真美丽，
一分硬币真神奇。
数来数去太费时，
迟到大王我不是。
只用一分不现实，
看看哪位好心人，
换我一角试一试。

用一角硬币来数十个十个地数！

既然 1 个一角硬币等于 10 个一分硬币，那我们可以通过数一角硬币来十个十个地数！如果有 6 个一角硬币，就可以这样数：10、20、30、40、50、60 分！

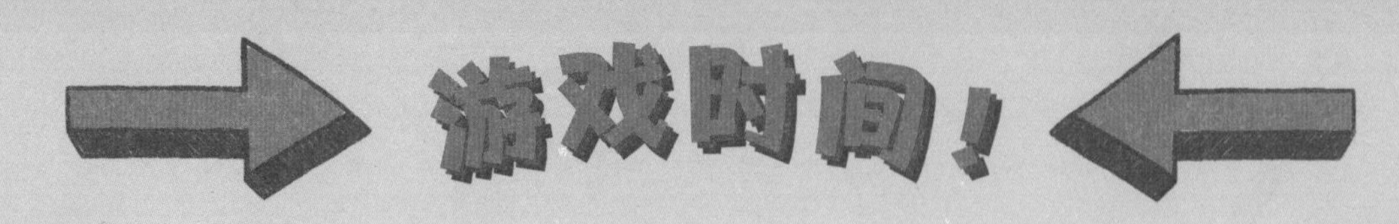

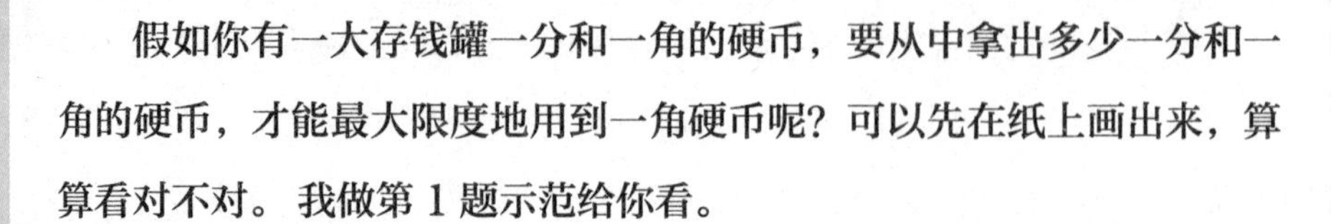

假如你有一大存钱罐一分和一角的硬币，要从中拿出多少一分和一角的硬币，才能最大限度地用到一角硬币呢？可以先在纸上画出来，算算看对不对。我做第 1 题示范给你看。

1. 54 分钱

一起来玩吧：**先试着在纸上写出来。我们看到个位（分）的位置上是 4，十位（角）的位置上是 5，所以我们需要 5 个一角硬币和 4 个一分硬币！再把它们画出来：**

5	4
十位（角）	个位（分）

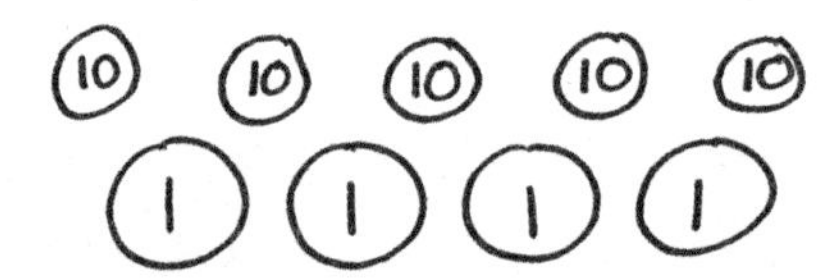

现在确认下是不是有 54 分钱。先用 5 个一角硬币来十个十个地数：10，20，30，40，50。再加上单个的一分硬币，从 50 开始往后数：51，52，53，54。没错！正正好好 54 分钱！

答案：5 个一角硬币和 4 个一分硬币。

2. 21 分钱

3. 34 分钱

4. 45 分钱

5. 67 分钱

6. 50 分钱

7. 18 分钱

学习笔记

十！

“十”看起来像杯子蛋糕的烤盘，又像十格阵，有时还像长长的火车或是蚯蚓。下一章我们会继续学习，现在只是了解一下！

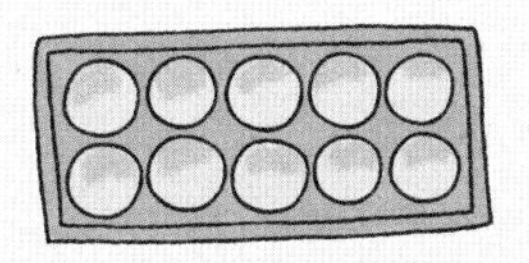

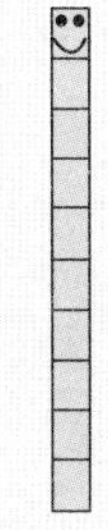

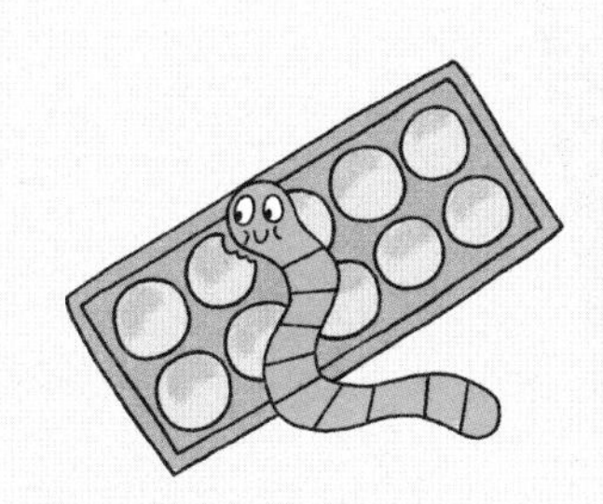

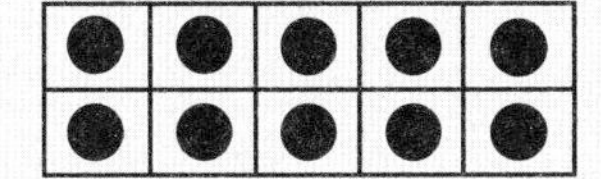

第四章

是小面包，不是小屁股！百位和三位数

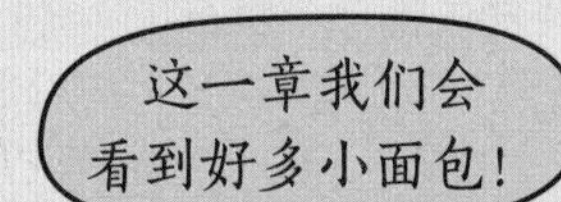

这一章我们会看到好多小面包！
哦，真的吗？嘿嘿，小屁股……
等等，老鼠先生，我说的可不是小屁股！
你说的就是“小屁股”。软软的、圆圆的小面包就像圆滚滚的小屁股！“小屁股”是“小面包”的另一种说法。
可是上一章我们一直在学习小面包和烤盘。你知道我们说的是面包，不是身体的部位！
小屁股，小屁股，就是小屁股！
听着！我们马上会看到好多好多小面包，比之前看到的多多了。
太棒了！我都笑得合不拢嘴了。

生意兴隆：百位的位值——很多很多的面包屉！

琳琳和拉里的面包店越来越受欢迎，订单也越来越多。他们开始用长长的、细细的烤盘来装面包，每条烤盘能装 10 个小面包，就像这样：

为什么要换成这种烤盘呢？因为这种烤盘很容易一条条排列起来交付大订单。实际上，他们已经开始把 10 条这样的烤盘组合起来，变成一个大大的正方形。

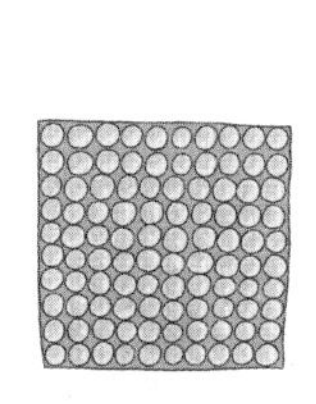

这里有满满当当一大屉小面包！

面包屉……

因为小面包是面包的一种，所以琳琳和拉里决定把每个正方形烤盘里装的小面包叫作“一屉面包”。但他们又觉得“一屉面包”有点啰唆，就把它简称为“面包屉”。

他们连“一屉面包”这几个字都不想说？也太懒了吧。等等！“面包屉”？听起来就像有“一百个”面包那么多呢！
哇……好多好多小屁股哇……噢哦，我是说小面包。开个小玩笑，嘿嘿，不是真的小屁股哦。

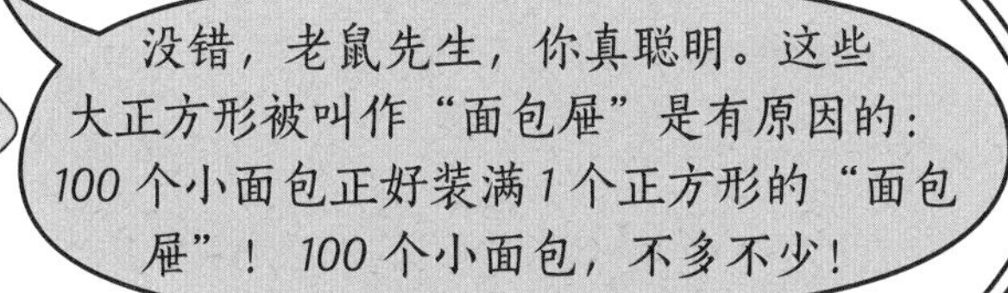
没错，老鼠先生，你真聪明。这些大正方形被叫作“面包屉”是有原因的：100 个小面包正好装满 1 个正方形的“面包屉”！100 个小面包，不多不少！

现在我们来看看为什么10条烤盘和1个面包屉装的小面包数量是一样的。换句话说，10个十是1个百。

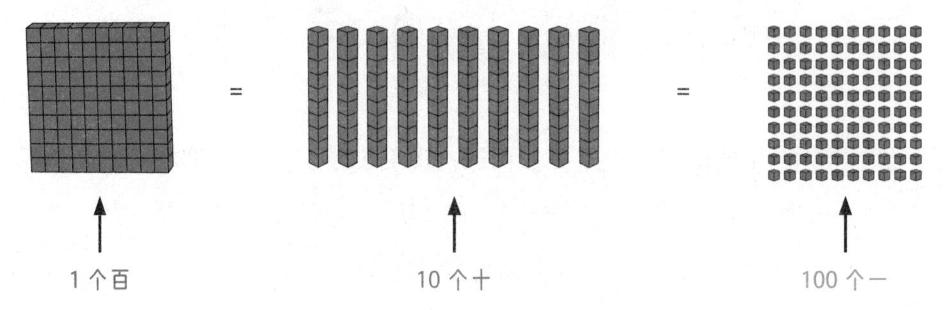

1个面包屉 = 10条烤盘 = 100个小面包

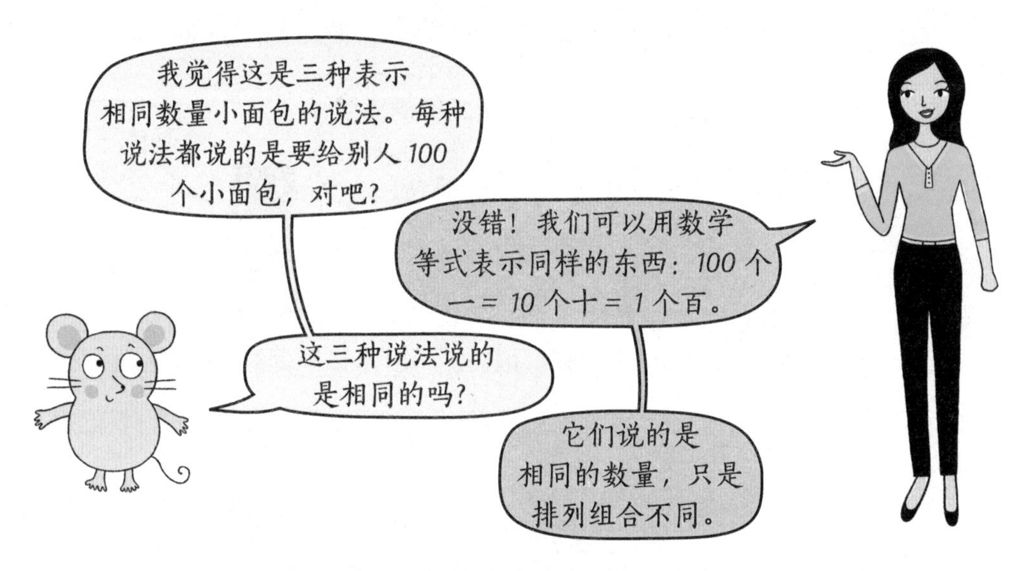

我觉得这是三种表示相同数量小面包的说法。每种说法都说的是要给别人100个小面包，对吧？
没错！我们可以用数学等式表示同样的东西：100个一 = 10个十 = 1个百。
这三种说法说的是相同的吗？
它们说的是相同的数量，只是排列组合不同。

2个面包屉就是200个小面包

3个面包屉 = 300个小面包

4个面包屉 = 400个小面包

可以一直这样算下去。你发现其中的规律了吗？5个面包屉等于多少个小面包呢？没错！等于500个小面包！你能算出下面的等式，然后大声把结果说出来吗？

6个面包屉 = __?__ 个小面包　　7个面包屉 = __?__ 个小面包

8个面包屉 = __?__ 个小面包　　9个面包屉 = __?__ 个小面包

我们能算出下列图中有多少个小面包吗？没错！计算方法其实和利用烤盘来算小面包是一样的，只不过把烤盘换成了面包屉。

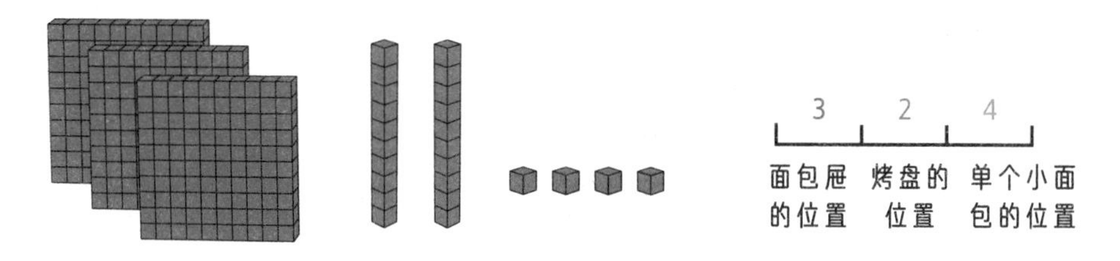

小面包总数就是 324 个。很容易对不对？现在我们来玩游戏吧！

单个小面包和一

为了让“位值”这个概念更容易理解，我们一直在用“面包屉”“烤盘”和“单个小面包”这几种说法。在其他地方，你可能不会见到这几个词。你可以在下面的练习中使用“百”“十”“一”，也可以继续用我们的小面包代替，由你自己来决定。

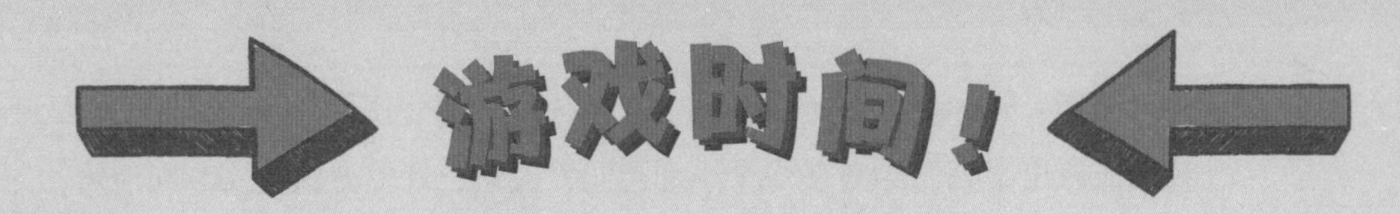

我们有多少个小面包呢？我做第 1 题示范给你看。

1. 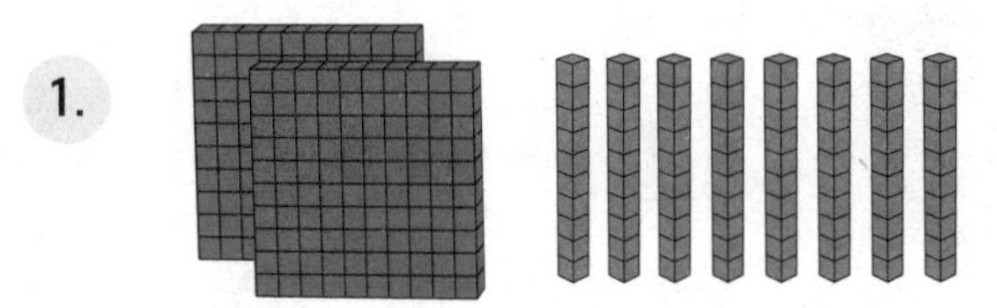

一起来玩吧：快看看这些小面包！我们不用一个一个地数，真是太幸运了。有几个正方形面包屉？2 个！所以把 2 填到面包屉（百位）的位置上。有几个烤盘？仔细数一数，有 8 个！把 8 填到烤盘（十位）的位置上。没有单个小面包，也就是说单个小面包数目为 0，就把 0 填到单个小面包（个位）的位置上。这样，我们就得到了数字 280，280 个小面包！太棒啦！

答案：280 个小面包。

2	8	0
百位	十位	个位

2. 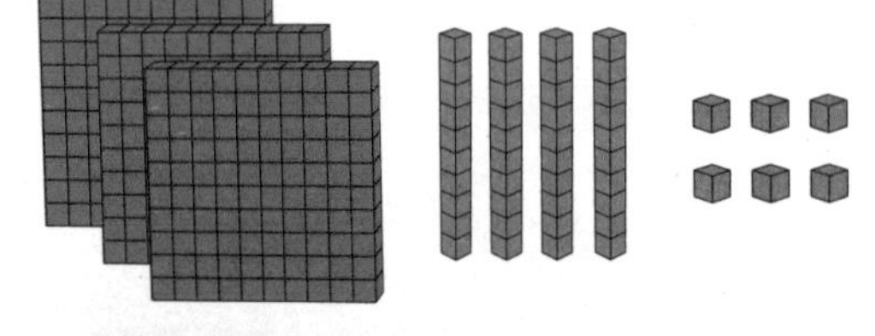

3. 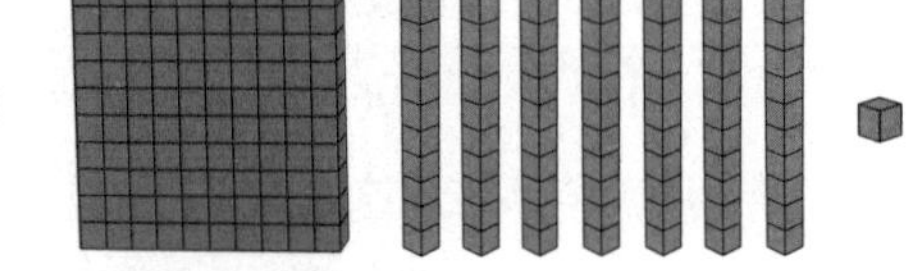

4. 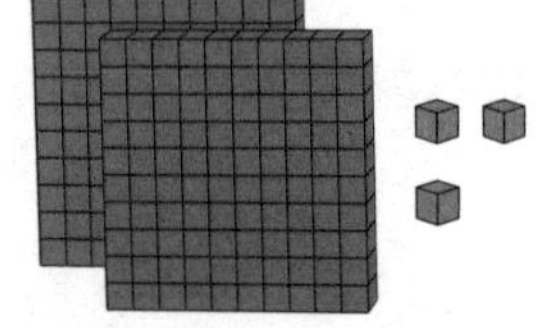

（提示：这里的十位数是 0！翻到下页的“注意！”版块获取帮助。）

（答案见 147 页）

注意！

前一页第 4 题中，要是我们没有在十位填上一个 0，会怎么样呢？我们写的时候可能在想："好吧，我数出有 2 个百，3 个一，就这样吧！"

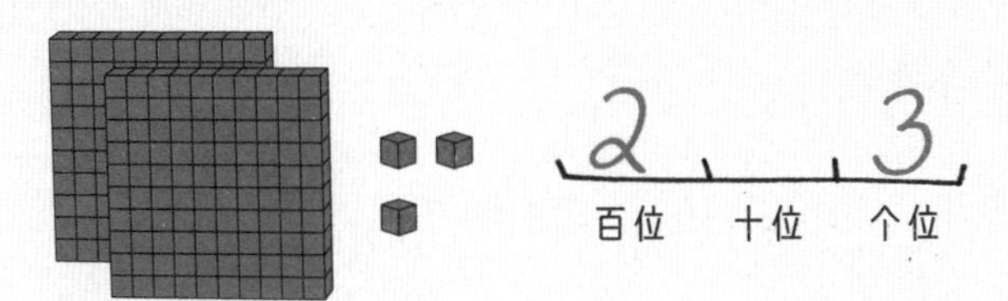

糟糕！要是不在十位填上一个数字，我们就会得出错误答案：23，这可比真实数量少多了！

所以说，我们要写成这样：2 0 3（百位 十位 个位）

正确答案是 203。没错，203 个小面包！

比较一下，23 是右侧图片里那样的：

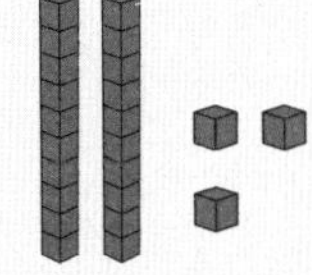

我刚愿意再相信数字一次呢，可是……
什么意思？
数字"0"能把我逼疯！
听我说，203 这个数中有 0 个十，对吧？我们就在十位写上代表"没有"的数字"0"。就这么简单。别急，你肯定能学会的！

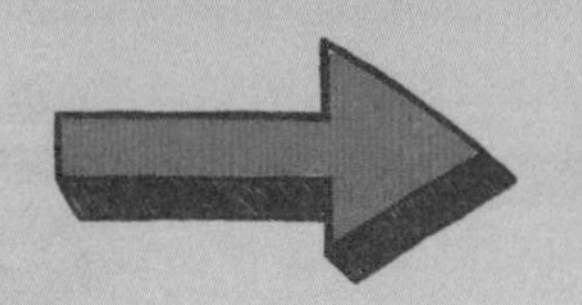

游戏时间！

还记得我们在53页玩过的游戏吗？大声念出这些数字，想想每个数位上的数字代表什么。只是这次，我们多了百位（面包屉）的位置。我做第1题示范给你看。

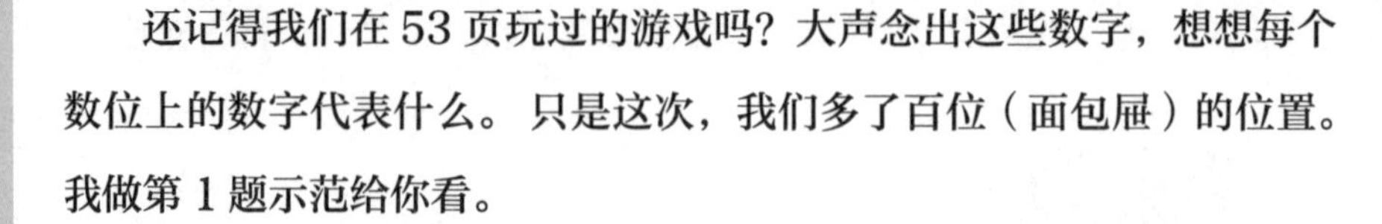

1. 大声念出：706只青蛙。这里的7代表多少只青蛙？

一起来玩吧：哈哈，虽然你们听不见我的声音，但我还是要大声念出来“七百零六只青蛙”。我们看到6在个位（单个小面包）的位置上，所以6代表有6只单个的青蛙。0在十位（烤盘）的位置上，所以我们写上“0”。7在百位（面包屉）的位置上，所以7代表有700只青蛙，这就是我们要的答案。你能把答案写出来吗？

7	0	6
百位	十位	个位

青蛙可真多呀！（别告诉老鼠先生哦。）

答案：你应该大声念出“七百零六只青蛙”。7代表700只青蛙。

2. 290只灰色小猫。这里的9代表多少只小猫？

3. 843只小白鼠。这里的8代表多少只小白鼠？

4. 158匹红色小马驹。这里的8代表多少匹小马驹？

5. 672只黄色长颈鹿。这里的7代表多少只长颈鹿？

（答案见147页）

打电话：数位！

一旦发生紧急情况，你知道爸爸妈妈的手机号码吗？最好把他们的电话号码背下来哦！中国大陆的手机号有 11 个数位。你可能会问，什么是数位呢？

数位上的数字可以是从 0 到 9 中的任何一个数字。例如，三位数 872 十位上的数字是几？它代表多少？答案：十位上的数字是 7，它代表 70。很简单吧？

我等不及想要拥有自己的手机了。我的手机号码会是几位数呢？

一个三位数最右边的是个位，个位左边是十位，十位左边是百位。只含有一个数位的数就是一位数。

十位 ↘ ↙ 个位
22

十位 ↓
百位 → 509 ← 个位

8 ← 个位

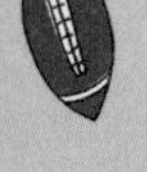

回答下面关于“数位”的问题。我做第 1 题示范给你看。

1. 804 十位上的数字是几？它代表多少？

一起来玩吧：我们从右边开始数，看到个位上的数字是 4（它就代表 4），十位上的数字是 0，百位上的数字是 8（它代表 800）。那么，十位上的数字 0 代表多少呢？其实无论 0 在哪里，它都代表什么都没有。

答案：0，代表 0。

2. 79 个位上的数字是几？它代表多少？

3. 361 百位上的数字是几？它代表多少？

4. 950 十位上的数字是几？它代表多少？

5. 804 百位上的数字是几？它代表多少？

6. 86 十位上的数字是几？它代表多少？

7. 270 个位上的数字是几？它代表多少？

8. 9 个位上的数字是几？它代表多少？

9. 601 百位上的数字是几？它代表多少？

（答案见 147 页）

丁零当啷：一元钱的位值

还记得54页我们玩过的分和角游戏吗？我们学习到一角钱就像一个蛋糕烤盘——里面有10个一分钱。1元就是100分！没错，一元就像一个面包屉……

1元 = 10角 = 100分

就像每个一元钱后面藏了100个一分钱！你能想象出来吗？1个一元钱的价值和100个一分钱的价值其实是一样的！

显然，一元钱数起来可比这些一分钱容易多了！如果我们在商店买东西，店员要找315分钱给我们，我们可能会说："315分钱数起来太麻烦，我也不想要那么多硬币！请给我3个一元钱，1个一角钱和5个一分钱吧，谢谢你！"

3	1	5
元的位置	角的位置	分的位置

这样看起来是不是更清楚了？

记住，这个只对元、角、分有用，因为：

1元 = 10角　　1角 = 10分

就像：1个百 = 10个十　　1个十 = 10个一

要是有人给你一大堆一分钱的硬币，你要怎么把它们换成一元和一角的硬币，并且尽可能减少数硬币的次数呢？小提示：先从“元”开始，尽量多用一元硬币，接着算一角硬币，最后再算一分硬币。我做第1题示范给你看。

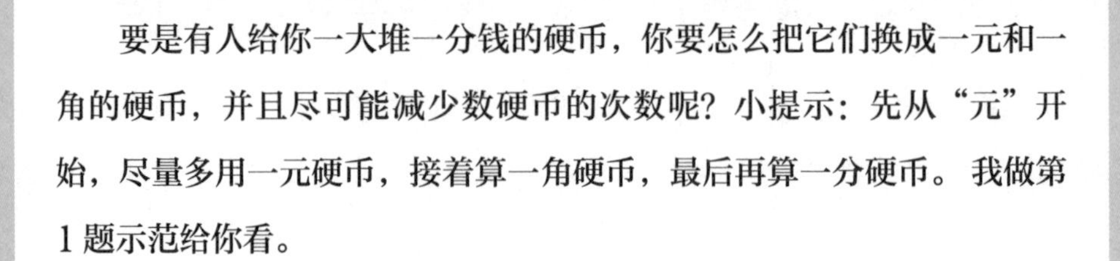

下面的图能帮你算出每个数位上的数字。

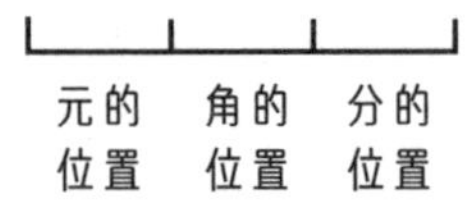

1. 406 分钱

一起来玩吧：我们先来看看每个数位上有什么。

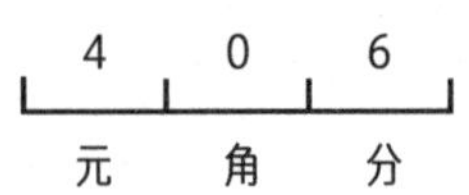

我们看到百位（元）的位置上是 4（等于 400 分），所以可以用 4 元来代替 400 分，也就是用 4 个一元硬币来代替 400 个一分硬币。我们又看到十位（角）的位置上是 0，所以用不着一角硬币。最后我们看到个位（分）的位置上是 6，这就意味着还需要 6 个一分硬币才能数完。

答案：4 个一元硬币和 6 个一分硬币。

元的位置 | 角的位置 | 分的位置

记住每个硬币的位置来做下面的练习。

2. 524 分钱　　3. 201 分钱

4. 867 分钱　　5. 980 分钱

（答案见 147 页）

元和分！

填写金额时，我们可以不用下面这种写法：

4	0	6
元的位置	角的位置	分的位置

可以写成¥4.06来表示同样的意思。你可能注意到，在元的后面，我们插入了一个小数点，在金额前面加上了人民币符号¥，这个符号读作“元 (yuán)”。¥4.06可以念成：人民币四元零六分。¥5.32可以念成：人民币五元三角二分。了解这些小知识多多益善哦！

第五章

摆个姿势吧！用模型来做加减法

你知道什么是“模特”吗？模特就是穿上搭配好的衣服拍照，向别人展示穿衣效果的人，也就是告诉别人衣服穿在身上看起来怎么样的人。模特就像是一种模型，任务都是展示形象。我们说用“模型”来表现一个数字，意思就是用图像告诉别人这个数字看起来怎么样。换句话说，就是画出我们在第四章里看到的那些小方块！因此，如果看到“用模型画出 243”，我们就可以画出以下的图形（当然，你也可以画十根薯条样子的长条！）：

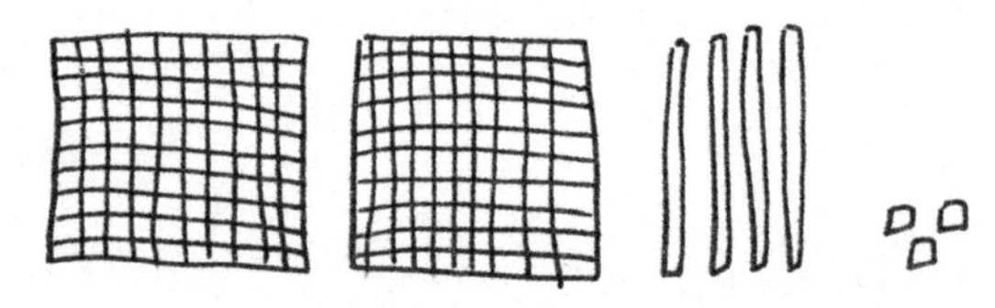

我们已经学过，每个大正方形代表 100，每根长条代表 10，每个小正方形代表 1，所以上面这张图就代表 243。（先画一个大正方形，再画 9 条横线、9 条竖线，就能轻松画出 100 了。）它们可能看起来没有第四章中的那么整齐，但原理是相同的。现在我们就用它们来做加法！

美术课：用模型做两位数加法

如果琳琳有 23 个小面包，拉里有 51 个小面包，总共有多少个小面包呢？

首先，我们画出琳琳的 23 个小面包，再涂上颜色。我们看到烤盘的位置是数字 2，所以有 2 个烤盘，单个小面包的位置是数字 3，所以有 3 个单个小面包。

23

烤盘　单个小面包

23 =

往下翻！→

怎么画拉里的 51 个小面包呢？我们看到烤盘的位置是数字 5，所以有 5 个烤盘，单个小面包的位置是数字 1，所以有 1 个单个小面包。可以画成：

51

烤盘　单个小面包

51 =

要算出小面包的总数，我们先把烤盘放在一起。琳琳有 2 个蓝色烤盘，拉里有 5 个红色烤盘，所以一共有 7 个烤盘，因为 2 + 5 = 7，对吧？

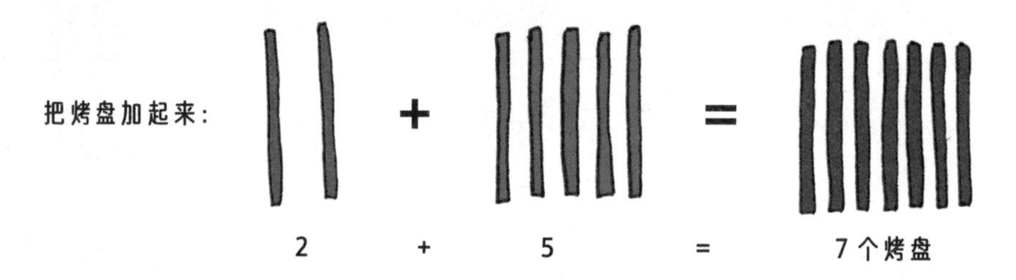

琳琳有 3 个单个小面包，拉里有 1 个单个小面包，3 + 1 = 4，太简单啦！

把单个小面包加起来：

3 + 1 = 4 个单个小面包

我们来看紫色数字：一共有 7 个烤盘和 4 个单个小面包，所以总数是 74！这样我们就能得出 23 + 51 = 74。真棒！

学习笔记

我想你也注意到了，在这本数学书里，有时候我们用“烤盘”和“单个小面包”来代替“十”和“一”，因为这样更容易理解“位值”，而且老鼠先生真的很喜欢吃东西。不过这两种说法其实都可以。学校里通常教的是“十”和“一”，所以下面游戏中的第 1 题示范题我也用“十”和“一”这种说法。

利用模型把两个数字加起来，换句话说，就是先画出烤盘和单个小面包（只要画长方形、圆形或小正方形就行啦），然后写出完整的数学等式。我做第 1 题示范给你看。

1\.

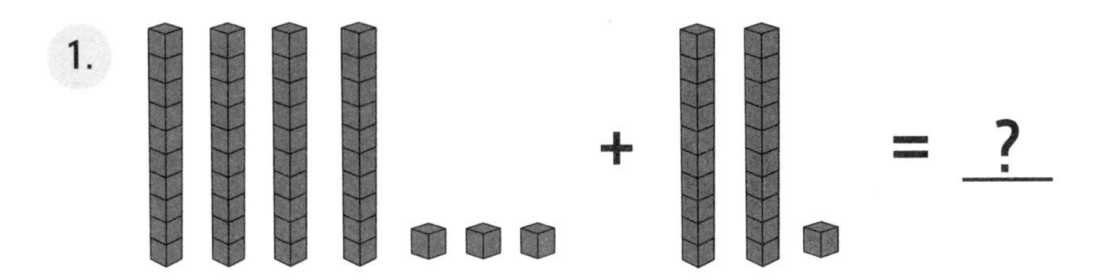

一起来玩吧：我们来看看这些图是什么意思。在蓝色部分，我们看到有 4 个十和 3 个一，所以这个数是 43。在红色部分，我们看到有 2 个十和 1 个一，所以这个数是 21。我们需要把 43 和 21 加起来，对吧？没错！首先，问问自己：一共有多少个十？蓝色的 4 个十加上红色的 2 个十等于 6 个十，因为 4 + 2 = 6。接着再问问自己：一共有多少个一？蓝色的 3 个一加上红色的 1 个一等于 4 个一，因为 3 + 1 = 4！我们把这些都画出来：

由此可知，我们要在十位上写上 6，在个位上写上 4，这样就得到 64 这个数！完整的数学等式就是：43 + 21 = 64。

答案：43 + 21 = 64（上图就是我们画出来的答案）

继续！→

2.

= ?

3.

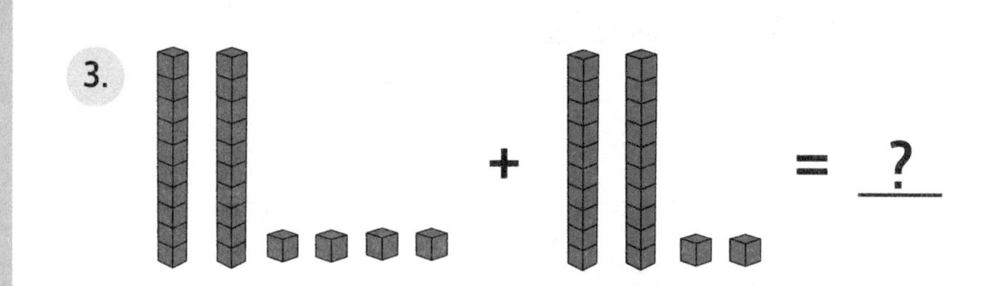

= ?

4.

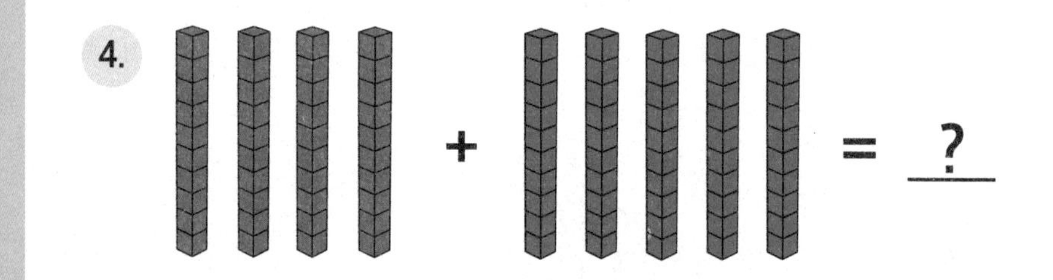

= ?

5.

\+

= ?

（答案见 147 页）

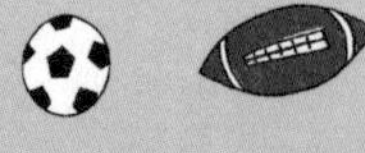

好饿好饿的小老鼠：用模型做两位数减法

现在我们要学习两位数减法。烤盘和小面包会继续帮助我们的！假设琳琳有 8 个烤盘和 6 个单个小面包，那她一共有 86 个小面包，对吧？这时突然窜出一只好饿好饿的小老鼠，趁琳琳不注意，偷走了 3 个烤盘和 4 个单个小面包！哎呀！小老鼠一共偷走了 34 个小面包！

这是琳琳一开始拥有的 86 个小面包：

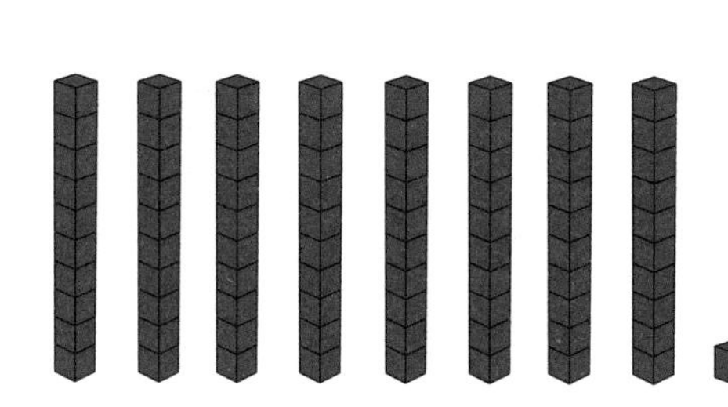

我们把小老鼠偷走的小面包划去，再把剩下的小面包圈起来。

从图上看，我们还剩下 5 个烤盘和 2 个单个小面包，小面包的总数就是 52。这就是两位数减法：86 － 34 ＝ 52。不是很难吧？

了不起的画家：用模型做三位数加减法

三位数加减法的运算原理和两位数的完全相同。

比如：要算出 201 ＋ 123，我们可以这么画：

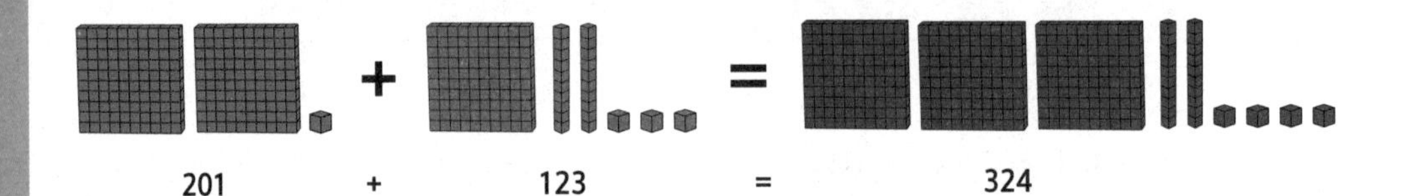

要算出 246 － 131，我们可以这么画：

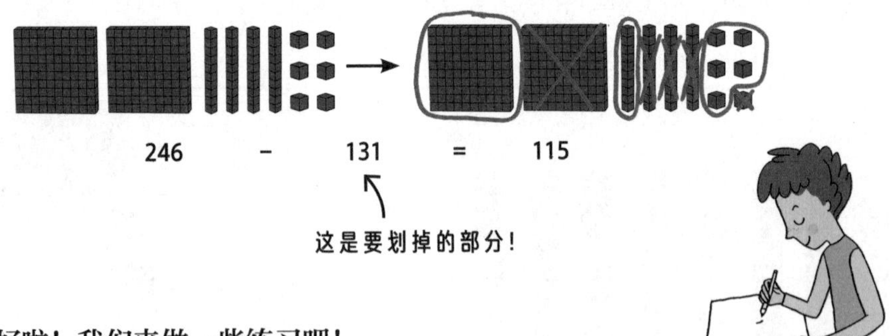

好啦！我们来做一些练习吧！

我们先来做两位数的加减法。算算小老鼠还剩下多少小面包？首先画出烤盘和小面包（我们又要用“模型”来画数字喽），再划掉小老鼠吃掉的部分，最后写出完整的数学等式。我做第 1 题示范给你看。

1. 一开始有 54 个小面包，小老鼠吃掉了 42 个，还剩下几个小面包？

一起来玩吧：这其实是一道两位数减法：54 - 42。为了找到答案，我们先画出 54 个小面包，也就是 5 个烤盘和 4 个单个小面包。

然后划掉 42 个小面包，也就是 4 个烤盘和 2 个单个小面包。

我们看到最后还剩下 1 个烤盘和 2 个单个小面包。换句话说，还剩下 12 个小面包。所以，完整的数学等式就是：54 - 42 = 12。完成啦！

答案：54 - 42 = 12

2. 一开始有 43 个小面包，小老鼠吃掉了 11 个，还剩下几个小面包？

3. 一开始有 71 个小面包，小老鼠吃掉了 20 个，还剩下几个小面包？

4. 一开始有 26 个小面包，小老鼠吃掉了 13 个，还剩下几个小面包？

5. 一开始有 38 个小面包，小老鼠吃掉了 17 个，还剩下几个小面包？

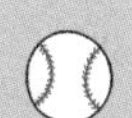

（答案见 147 页）
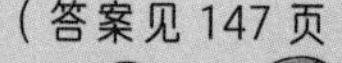

现在我们用模型绘图法做三位数的加减法，最后再写出完整的数学等式。我做第 1 题示范给你看。

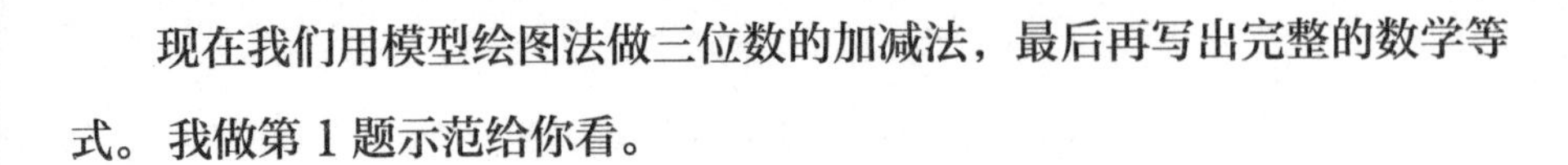

1.

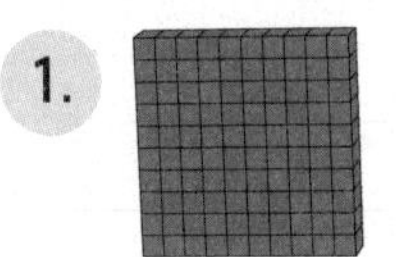
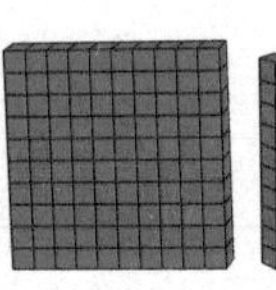
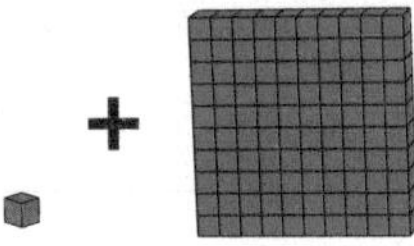
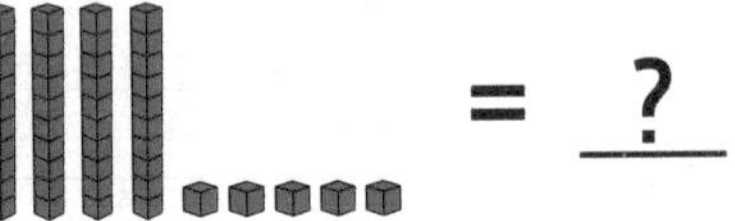

+ = ?

一起来玩吧：我们能看出一共有几个百（面包屉）吗？1 个蓝色的百和 2 个红色的百 = 3 个百。能看出一共有几个十（烤盘）吗？0 个蓝色的十和 4 个红色的十 = 4 个十。能看出一共有几个一（单个小面包）吗？1 个蓝色的一和 5 个红色的一 = 6 个一。我们把它们都画下来：

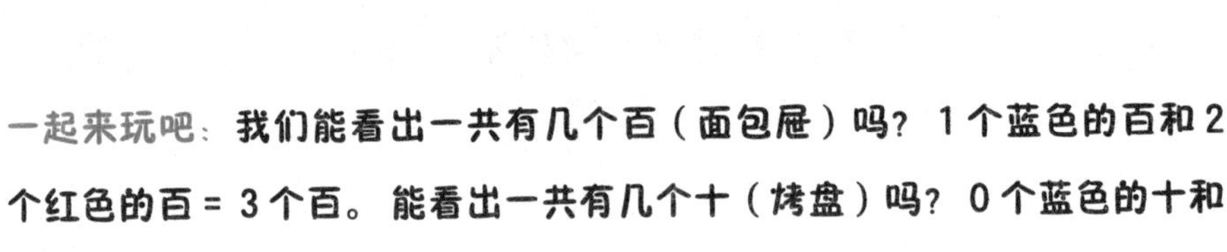

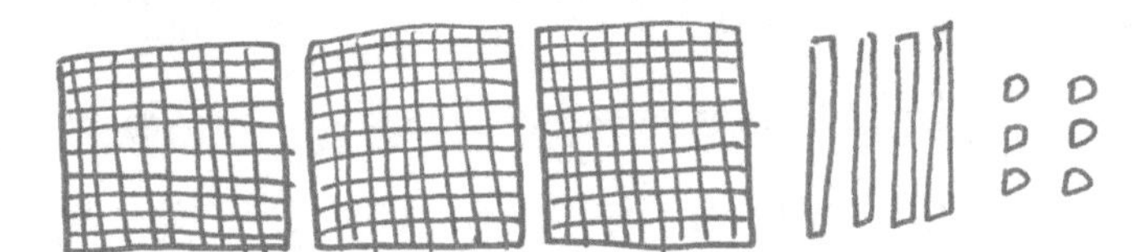

完整的数学等式怎么写呢？再看一遍题目：

先看蓝色部分，我们看到 1 个百，0 个十和 1 个一，所以数字是 101。

再看红色部分，我们看到 2 个百，4 个十和 5 个一，所以数字是 245。

最后再看答案，我们看到 3 个百，4 个十和 6 个一，所以数字是 346。

因此，完整的数学等式就是 101 + 245 = 346。完成啦！

答案：101 + 245 = 346（我们还把答案画了出来，真厉害！）

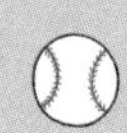

2.

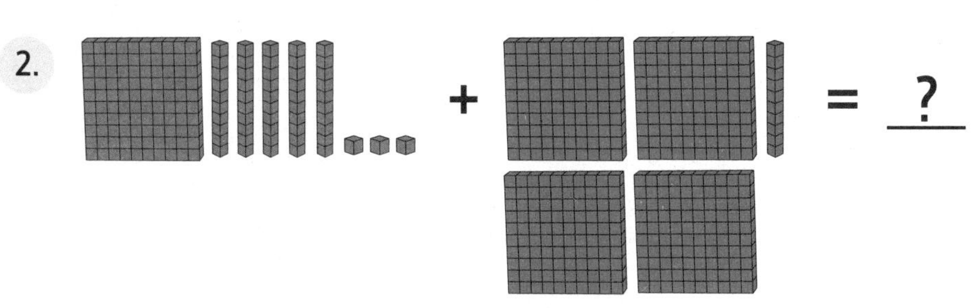

3.

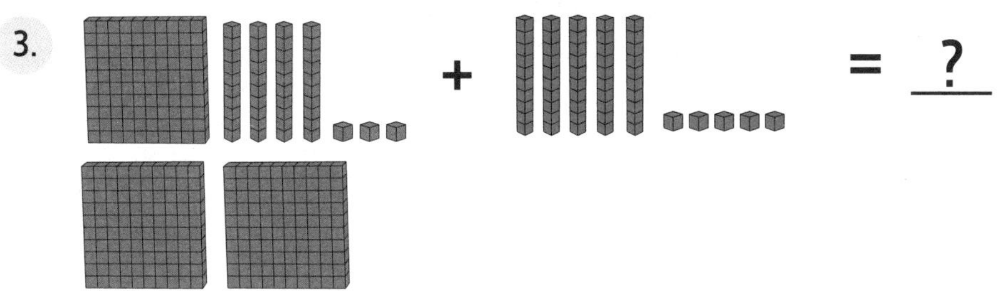

现在我们来做减法：

4. 323 − 201 = ?

我们先画出：

再划掉 201（2 个百、1 个一），还剩下多少？

5. 135 − 120 = ?

我们先画出：

再划掉 120（1 个百、2 个十），还剩下多少？

模型绘图法真的很棒，不过画图太费时间了，你觉得呢？我们会在后面几章学习加减法的其他算法。再接再厉吧！

（答案见 147 页）

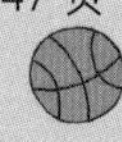

第六章

咧嘴笑、装面包：心算数字游戏

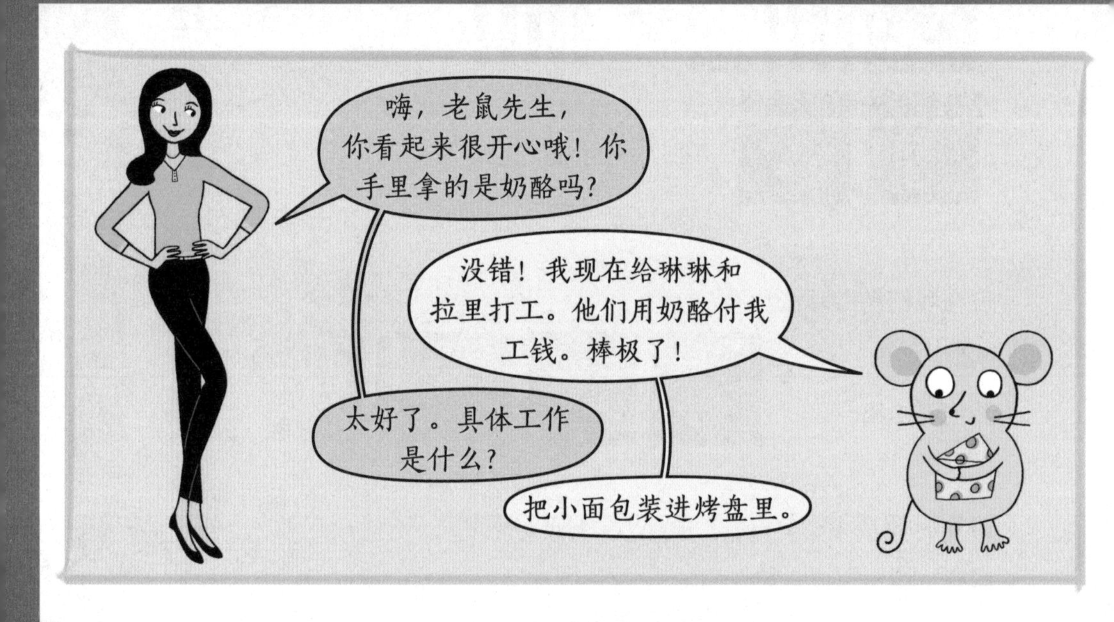

像变魔术一样神奇：快速心算 20 以内的加法

在这一章里，我们会通过加减法心算练习，帮助琳琳和拉里把小面包装进烤盘里。没错，我们要做琳琳和拉里的小助手，争取每次都能把正确数量的小面包装进烤盘里。

比如，顾客先要了 9 个小面包，后来又加了 5 个小面包。我们可不能像下面这样把面包装进烤盘里：

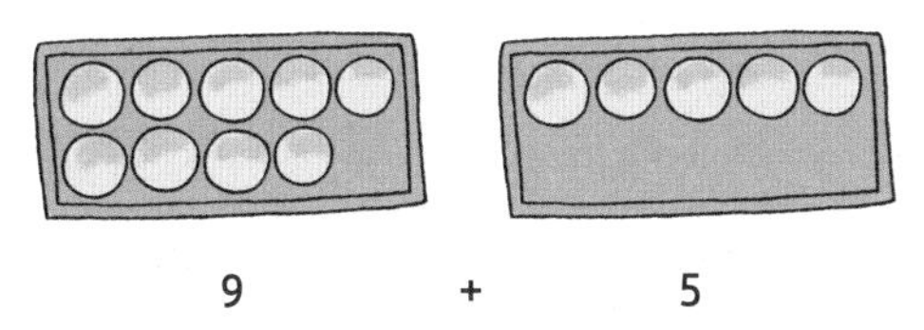

9 + 5

仔细看左边的烤盘，是不是发现还有一格空着？这会不会让你觉得有点别扭呢？反正我觉得有点别扭！我们想尽可能地把烤盘装满，这样不仅看起来更美观，也更容易记录小面包的总数。因此，我们需要从装有 5 个小面包的烤盘中拿出 1 个小面包，放进装有 9 个小面包的烤盘里。

我们只移动了 1 个小面包，并没有改变卖出的小面包总数。也就是说，9 + 5 和 10 + 4 的小面包总数是相同的。明白了吗？我们像变魔术一样，把 9 + 5 变成了更简单的 10 + 4，答案就是 14。好极了！

移动小面包，把烤盘装满

学习笔记

通常，把最接近整数十的那个烤盘放满是最简单的。所以在 81 页的题目中，我们从装有 5 个小面包的烤盘中拿出 1 个小面包，放进装有 9 个小面包的烤盘里。当然，我们也可以从装有 9 个小面包的烤盘中拿出 5 个小面包，放进装有 5 个小面包的烤盘里，也能得到一个装满小面包的烤盘和另一个装有 4 个小面包的烤盘。这两种方法得出的答案是一样的，只是移动越少的小面包越简单。

移动小面包装满烤盘的要点，就是要把题目变成类似 28 页中的简单题型，比如 $10 + 5 = 15$，$10 + 6 = 16$。这样的话，我们随时随地都能把“装面包”变得轻轻松松，就像变魔术一样神奇！

拉里对琳琳夸口道：装面包，做加法，省时省力真神奇。每个十里有 10 个一，同理，每个烤盘，装 10 个小面包。算总数，帮大忙。

装面包和凑十法

学习笔记

把烤盘装满是为了把加法题变简单，所以我们才把 10 个小面包放进烤盘里。不过，大多数人把这种方法叫作“凑十法”，而不是“装面包”。它们的意思其实是一样的！我们的这种说法听起来更好吃！

游戏时间！

一起变魔术吧！把两个数相加变成简单的加法计算题！要怎么做呢？只需要发挥想象力，在脑海中移动小面包，把一个烤盘装满就行！再把两个数学等式都写下来。我做第 1 题示范给你看。

（只要记住：先凑十——也就是先把一个烤盘装满！）

1\. 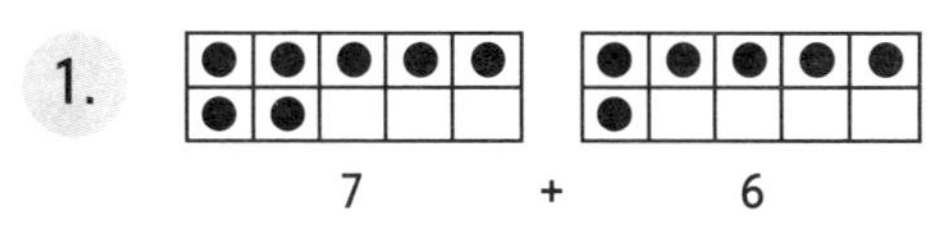

7 + 6

一起来玩吧：我们先要“凑十”，也就是先移动小面包把其中一个烤盘装满。想象一下，从装有 6 个小面包的烤盘中拿出 3 个小面包，放进装有 7 个小面包的烤盘中。可以在脑海中想象这样一幅画面：

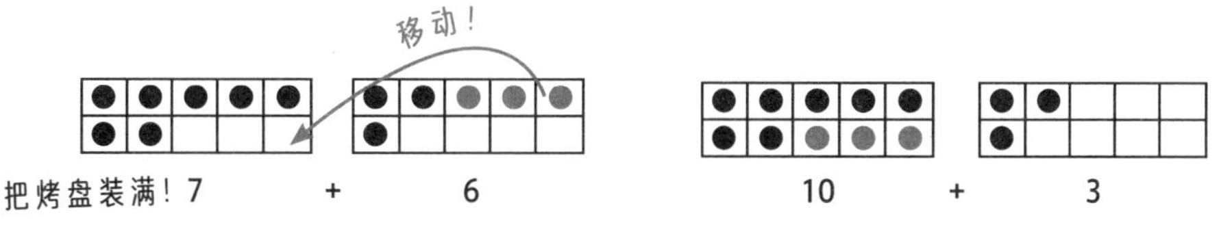

现在我们有 10 个小面包（一个装得满满的烤盘）和剩下的 3 个小面包！7 + 6 看起来就变成了 10 + 3。我们知道 10 + 3 = 13（这太容易了），所以 7 + 6 = 13！

答案：10 + 3 = 13，也就是 7 + 6 = 13。

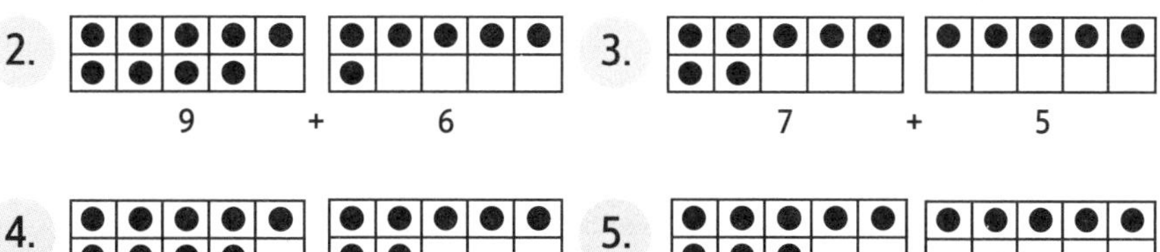

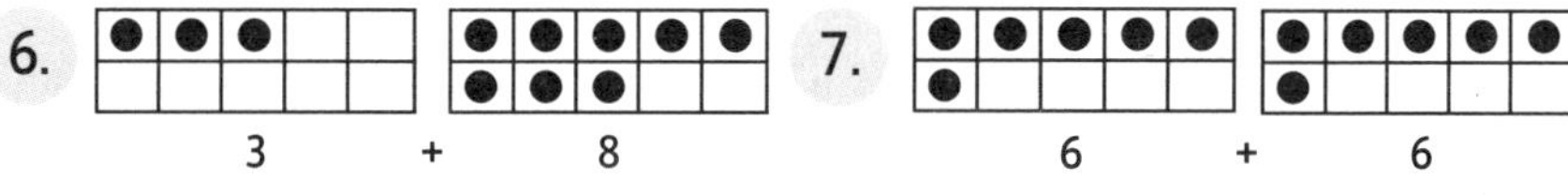

（答案见 147 页）

再也不挨饿了：20 以内的减法

假设有顾客本来想买 15 个小面包，后来又改主意了。顾客说："能少要 8 个小面包吗？我现在没有那么饿了。"

还剩下几个小面包呢？这次我们要做减法 15 − 8，对不对？好的，这是一开始我们拥有的 15 个小面包。

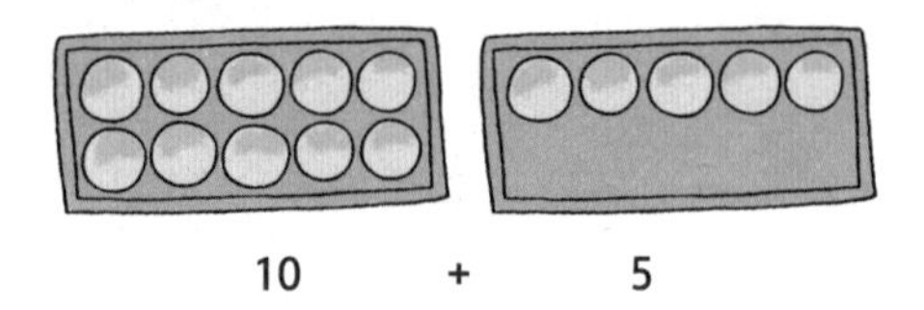

10 + 5

现在要拿掉 8 个小面包。首先，我们划掉都在一个烤盘里的 5 个小面包。谁也不想要一个空烤盘摆在那边对吧？总共要划掉 8 个面包，我们已经划掉了 5 个小面包，还要划掉几个呢？对了，还要划掉 3 个，因为 3 + 5 = 8。明白了吗？

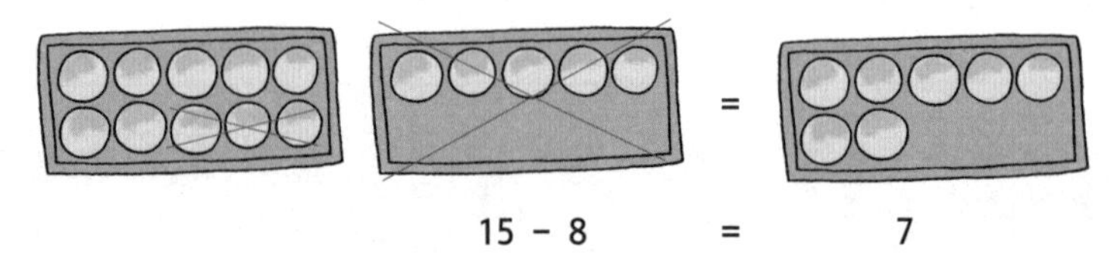

15 − 8 = 7

在装满小面包的烤盘中划掉 3 个小面包后，就还剩下 7 个小面包。我们可以在脑海中想象用笔划去小面包，也可以用手指把小面包盖住——选择你最喜欢的方法就行。这是思考这种计算题的小妙招，也可以帮助我们练习心算！

在脑海中想象用笔划去小面包来练习减法吧。做这种题要先从比较空的烤盘（也就是小面包比较少的烤盘）里拿出小面包，然后再看要从装满小面包的烤盘中划掉几个。

我做第1题示范给你看。

1.

17 - 9 = ?

一起来玩吧：从图上可以看到有17个小面包，其中一个烤盘里装满了10个小面包，另一个装了7个小面包。现在我们要拿掉9个小面包，算出17 - 9的答案。首先，我们从右边比较空的烤盘中拿掉7个小面包。因为总共要拿掉9个小面包，我们还要从装有10个小面包的烤盘中拿掉2个小面包。我们可以在脑海中想象这样一幅画面：

17 - 9 =

我们也可以用手指盖住这些小面包！那么还剩几个小面包呢？数都不用数，因为我们从10个小面包中拿掉了2个，10 - 2 = 8，所以我们知道答案肯定就是8。

太棒啦！我们成功算出了这道减法题：17 - 9 = 8。完成啦！

答案：8个小面包。

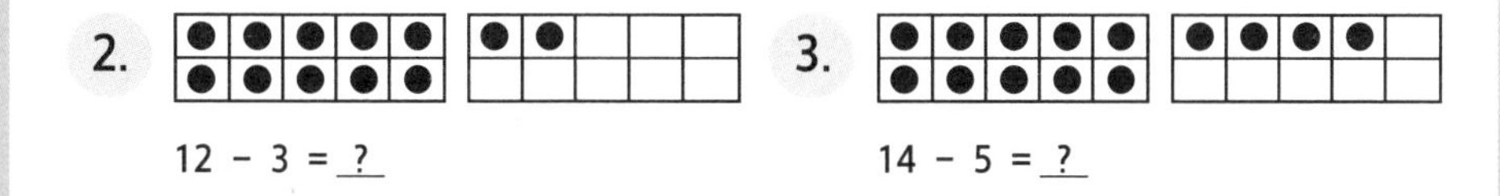

继续！→

4. 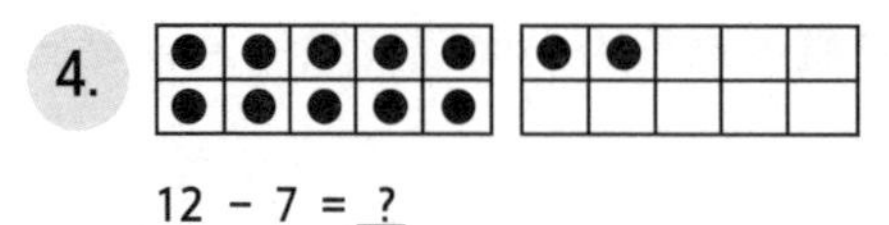

12 － 7 ＝ ?

5. 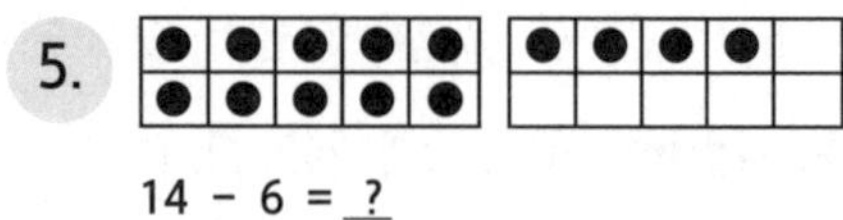

14 － 6 ＝ ?

6. 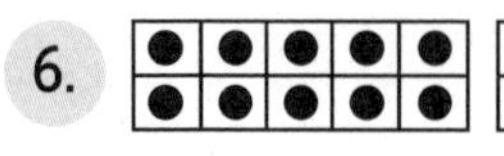 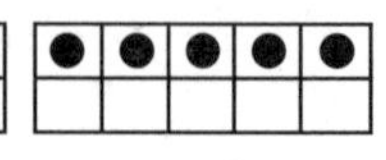

15 － 8 ＝ ?

7.

17 － 8 ＝ ?

8. 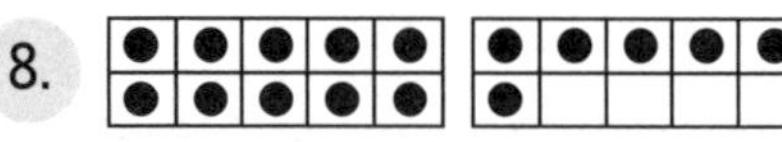 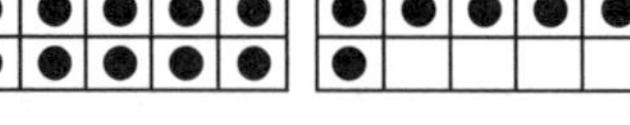

16 － 9 ＝ ?

9. 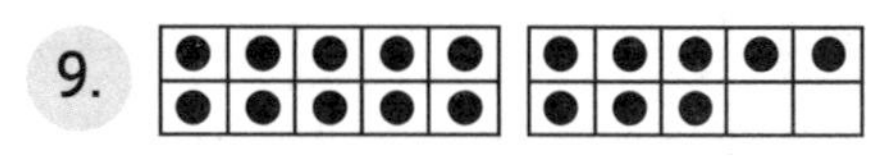

18 － 9 ＝ ?

用十格阵（或十格烤盘）可以让加减法心算变得更容易。只要坚持练习，你会很快成为加减法心算的小冠军啦！

（答案见148页）

试试这个：想要练习更多吗？试试这个。拿出两个干净的鸡蛋纸盒（如果没有纸盒，可以用其他盒子代替），让家长帮忙把纸盒剪成两半，这样每一半都有 10 个空格，就和我们的烤盘一样。再找些硬币或其他小物件来练习加减法。你也可以试试自己出题哦！

上楼和下楼：以 10 为一组做加减法

每次我们加 10，其实就是加上一个烤盘的数量，对不对？比如，要算 53 + 10，我们可以先想象 5 个烤盘和 3 个单个小面包，再加 10 的话就是再加 1 个烤盘，这样 5 个烤盘就变成了 6 个烤盘，我们就能得到总数 63！

我们已经在第五章学过用以下“模型”来解题：

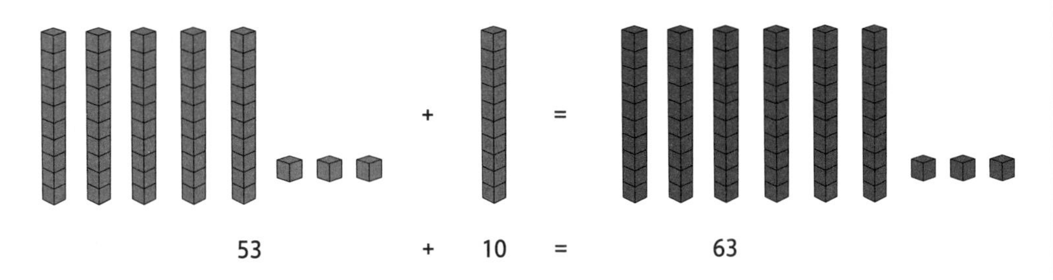

我们注意到，加 1 个十，就是给十位上的字加 1。

加 10

53 + 10 = 63

十位上的数字加 1

减去 10 也一样简单！

减 10 和加 10 很像，只不过是将十位上的数字上减 1！我们试试做 53 － 10，看吧，很容易就得出答案 43。

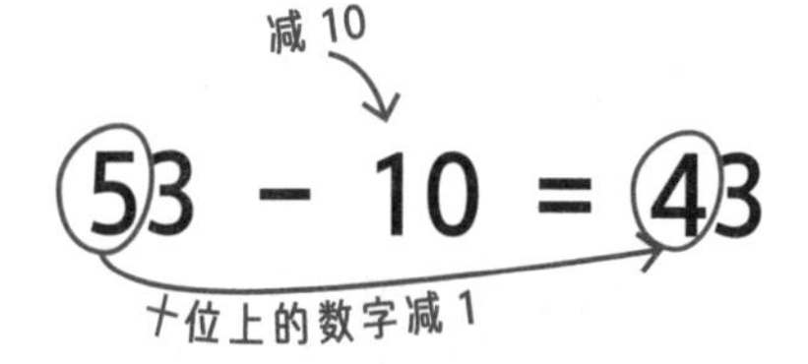

百数表

1	2	3	4	5	6	7	8	9	10
11	12	13	14	15	16	17	18	19	20
21	22	23	24	25	26	27	28	29	30
31	32	33	34	35	36	37	38	39	40
41	42	43	44	45	46	47	48	49	50
51	52	53	54	55	56	57	58	59	60
61	62	63	64	65	66	67	68	69	70
71	72	73	74	75	76	77	78	79	80
81	82	83	84	85	86	87	88	89	90
91	92	93	94	95	96	97	98	99	100

我们也可以看看这张百数表。加 10 的意思就是在表上直接“下楼”，减 10 的意思就是在表上直接“上楼”。如果要算 35 + 10，我们先找到 35 这个数字，然后“下楼”，就能得出 35 + 10 = 45。如果要算 35 － 10，我们就“上楼”，就能得出 35 － 10 = 25。

这招很不错吧！

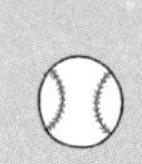

一起来加 10、减 10 吧！你可以用前面的百数表来“上楼”或“下楼”，也可以给十位上的数字加 1 或减 1。我做第 1 题示范给你看。

1. 93 − 10 = ___?___

一起来玩吧：因为要减 10，所以我们要给十位上的数字减 1。现在十位上的数字是 9，减去 1 就是 8，个位上的数字不变，所以答案是 83。也可以用百数表来计算：先找到数字 93，再“上楼”减去 10，也可以得到答案 83。

答案：93 − 10 = 83

2. 68 + 10 = ___?___

3. 86 − 10 = ___?___

4. 45 + 10 = ___?___

5. 76 + 10 = ___?___

6. 87 − 10 = ___?___

7. 24 − 10 = ___?___

8. 16 + 10 = ___?___

9. 59 − 10 = ___?___

10. 91 − 10 = ___?___

11. 33 − 10 = ___?___

没错，加 10 和减 10 其实很容易，毕竟 10 其实就是我们一直在用的烤盘。知道吗？其实加上和减去其他数量的烤盘也很容易！比如，54 − 20，我们可以想成总共有 5 个烤盘，拿掉 2 个，就还剩下 3 个，对吧？因为还剩下 4 个单个小面包，所以就能得出答案 34！做这种题时，只要问问自己：“我总共有几个烤盘？几个单个小面包？”这样做题就能得心应手啦！

（答案见 148 页）

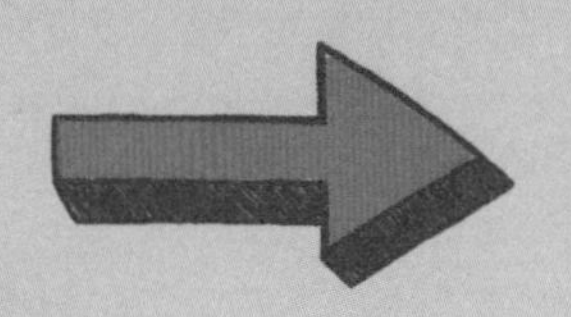

游戏时间！

以 10 为一组做加减法——加上和减去烤盘的数量！

我做第 1 题示范给你看。

1. 67 − 50 = __?__

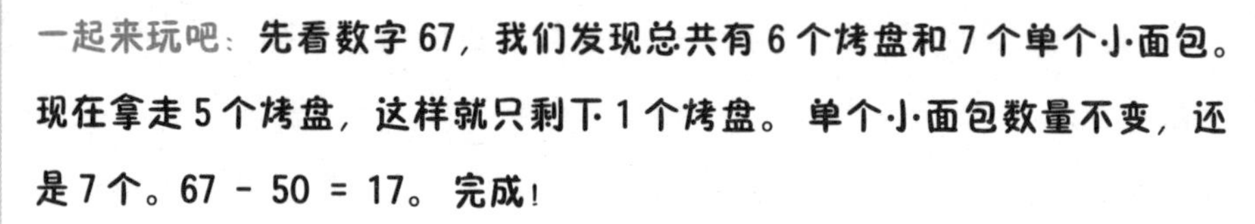

一起来玩吧：先看数字 67，我们发现总共有 6 个烤盘和 7 个单个小面包。现在拿走 5 个烤盘，这样就只剩下 1 个烤盘。单个小面包数量不变，还是 7 个。67 - 50 = 17。完成！

答案：67 - 50 = 17

2. 45 + 20 = __?__　　3. 98 − 30 = __?__

4. 34 + 10 = __?__　　5. 78 − 40 = __?__

6. 29 + 70 = __?__　　7. 41 + 50 = __?__

8. 56 + 40 = __?__　　9. 66 − 60 = __?__

做得好！下一章
我们要学习更多让
数学题变得更容易的
诀窍！

（答案见 148 页）

第七章

假想朋友：让加法变得更容易的诀窍！

你有过想象出来的朋友吗？你曾幻想过你的房间变成了一个大城堡或是一架能带你环游世界的飞机吗？所有这些都需要生动而丰富的想象力。这一章我要教你一些非常棒的诀窍，发挥我们的想象力，让加法变得更容易。我们开始吧！

我要想象出奶酪，很多很多的奶酪……这算不算呢？
当然算！

简易加法小诀窍 1：发挥想象来凑十！

还记得吗？上一章我们学过，在两个烤盘间移动小面包，像变魔术一样神奇地把数学题变简单了。比如 81 页上，我们把 9 + 5 变成了 10 + 4。现在我们不看烤盘和小面包，而是开动脑筋、发挥想象力！可以在脑海中想象出烤盘和小面包，也可以把它们想成十和一。我们先来试试 7 + 5。

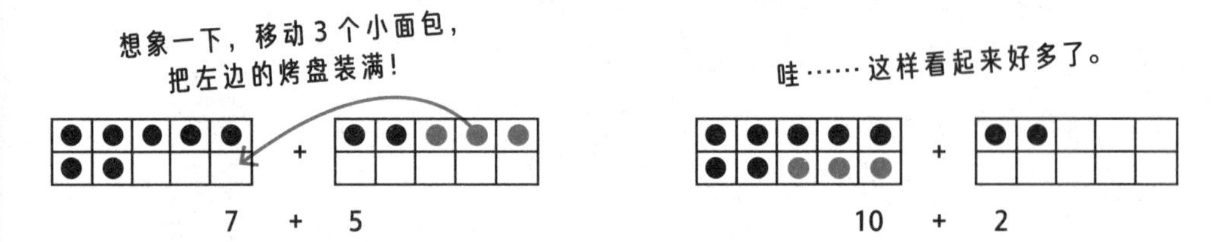

就像这样，我们发现 7 + 5 = 10 + 2。

现在试试在脑海中想象 8 + 6：先想出两个十格阵，要从装了 6 格的十格阵里移动几个，才能填满已经装了 8 个的十格阵呢？原来装了 6 格的十格阵里还剩下多少呢？

8 + 6 = 10 + ?

你先自己试一下。我们在下面的游戏时间再一起检验一下诀窍 1，再看看你是怎么解答的。

学习笔记

我们正在开动脑筋、发挥想象力，移动数字来凑十。每次先要问问自己：需要移动几个才能凑满十呢？然后，想象自己真的在移动小黑点（或小面包）来凑满十。接着，再问问自己：现在一个十格阵已经凑满了，原来的十格阵还剩下几个呢？

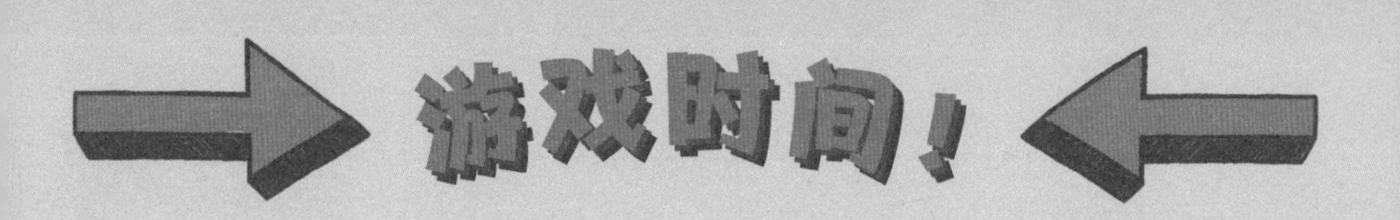

开动脑筋、发挥想象来把一个烤盘装满，把这道数学题变得简单！（像我们在 83 页做的那样，只是这次需要在大脑中完成运算。）不需要算出答案，只要把等式重新写一遍就可以了。

我做第 1 题示范给你看。

1. 8 + 6 = 10 + __?__

一起来玩吧：**首先设想有两个烤盘——一个烤盘装了 8 个小面包，另一个烤盘装了 6 个小面包。能想出来吗？能！太棒了！现在，我们要从装有 6 个小面包的烤盘中拿出几个放到装有 8 个小面包的烤盘里，才能装满它呢？没错——2 个！你能想象一下移动小面包的过程吗？好了，现在一个烤盘中有 10 个小面包，另一个烤盘中只剩下 4 个小面包。真厉害！就这样，我们算出 8 + 6 等于 10 + 4。完成！我们把等式写下来：**

答案：8 + 6 = 10 + 4

2. 9 + 5 = 10 + __?__　　3. 8 + 5 = 10 + __?__

4. 9 + 7 = 10 + __?__　　5. 9 + 9 = 10 + __?__

6. 3 + 8 = 10 + __?__　　7. 6 + 7 = 10 + __?__

8. 8 + 7 = 10 + __?__　　9. 9 + 8 = 10 + __?__

10. 6 + 5 = 10 + __?__　　11. 6 + 9 = 10 + __?__

（答案见 148 页）

如何发挥想象力，由你自己来选择。你可以想象出真的烤盘和小面包，也可以想象数字正在发生变化。要是你想把它们都画出来，也完全没问题！只要找出最适合你的方法就行。毕竟，你的大脑由你做主，而且它正变得越来越强呢！

简易加法小诀窍 2：公平交换

你给别人送过礼物吗？比如亲手给他们做了张贺卡，或是挑了个玩具作为生日礼物。

我不喜欢送礼物。
我只喜欢收礼物。

这可不太好啊！

因为收礼物更开心呀，
尤其是在我过生日的时候。

我明白，不过送礼物的感觉
也很棒啊，比如你迫不及待想要爸爸或
妈妈打开你送的礼物，因为你知道
他们肯定会喜欢！

可能吧。可有时我和小伙伴一起玩，
我不想分享我的玩具，我妈妈就会直接
从我手里拿走玩具给他玩。

听起来正适合
我们要学的小诀窍呢！

开动脑筋、发挥想象来凑十确实会让加法变得更容易吧？没错！这次我们不去想真的烤盘和小面包，就假装有两个数字正在一起玩。我们要帮助它们更好地分享玩具。比如，你的朋友来你家玩，你要友善地让他玩他想玩的玩具，即使他面前的玩具有时比你的还多。如果要表现得更加殷勤好客的话，我们甚至可以保证他一直都有 10 个玩具可以玩。也就是说，约小伙伴一起玩的时候，要是一个数字面前的玩具数量接近 10，我们需要使用“公平交换”的诀窍来凑十。

比如，看到 8 + 7，我们可以假设数字 8 和数字 7 在一起玩。我们要从数字 7 那里拿走几个玩具车给数字 8，才能使数字 8 有 10 辆玩具车。我们可以在心里默念：“嗯，数字 8 更接近 10！要从数字 7 那里拿走 2（剩下 5），送给数字 8（凑满 10）。”就这样，我们把 8 + 7 变成了 10 + 5，这样是不是很棒？数字们也会玩得更开心！

8	+	7
（送给）+ 2		− 2（拿走）
↓		↓
10	+	5

我们可以把这个过程画出来，也可以在脑海中想象出来，还可以想象数字自己在变变变。选择最适合你的方法吧！

发挥想象，把加法题变得更容易，再算出答案吧。可以把它们想象成烤盘和小面包，也可以用“公平交换”的方法——无论哪种都行。别忘了把两个数学等式都写出来。我做第 1 题示范给你看。

1. $18+9=$ ___?___

一起来玩吧：**我们用“公平交换”的方法：从数字 18 那里拿走 1（18 变成了 17），再把 1 给数字 9（凑成 10）。**

$$
\begin{array}{ccc}
18 & + & 9 \\
(\text{拿走})-1 & & +1(\text{送给}) \\
\downarrow & & \downarrow \\
17 & + & 10
\end{array}
$$

写出的两个数学等式就是 17 + 10 = 27 和 18 + 9 = 27。大功告成啦！

答案：17 + 10 = 27，也就是 18 + 9 = 27。

2. $9+5=$ ___?___

3. $9+6=$ ___?___

4. $8+7=$ ___?___

5. $17+8=$ ___?___

6. $8+18=$ ___?___

7. $7+4=$ ___?___

8. $6+16=$ ___?___

9. $9+9=$ ___?___

10. $7+6=$ ___?___

11. $15+6=$ ___?___

（答案见 148 页）

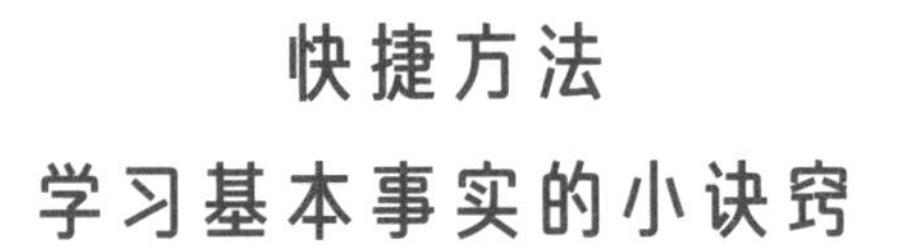

快捷方法
学习基本事实的小诀窍

找找一模一样的数！

在43页中我们学过相同的数的加法，比如 $7+7=14$。要是遇到 $7+8$ 这样的题目，我们可以这样想：“哈哈，这其实就是比 $7+7$ 大1，所以答案肯定是15！”注意这种接近相同的数的加法的题目，能够更容易帮你得出答案。

找找十

有时我们会遇到 $3+6+7$ 这种三个数相加的题目。当然，我们可以先做 $3+6$（得9），再算 $9+7$。或者换一种方法，我们可以找找有没有两个数加起来等于10的。耶！找到了！$3+7=10$，因为改变加法运算顺序不会改变答案，所以先把3和7加起来得到10。

$$\overset{10}{\overbrace{3+6+7}}=? \quad \Rightarrow \quad 10+6=?$$

可以很容易地得出 $10+6$ 的答案是16！

我们要来解决
一些大数字，是时候戴上
我们的“思考帽”啦！
我已经觉得自己
变得更聪明啦！

“公平交换”更多大数字吧！

我们来试试做 53 + 38 这道题。呃，两个数字都不接近 10，不过 38 接近 40！我们需要把 2 送给数字 38，让它变成 40，也就是说要从数字 53 那里拿走 2，它就变成了 51。

$$
\begin{array}{ccc}
53 & + & 38 \\
(\text{拿走})-2 & & +2(\text{送给}) \\
\downarrow & & \downarrow \\
51 & + & 40
\end{array}
$$

就这样，我们把 53 + 38 变成了 51 + 40！这样题目就变得容易多了，只要把 4 个十和数字 51 中的 5 个十加起来，得到 9 个十，还有 1 个一，所以 51 + 40 = 91。好了，我们这样就算出 53 + 38 = 91。太棒了！

顺便提醒一下，做大数字加法时，最好每次都把“公平交换”这种方法写下来。和要花费很多时间画出烤盘不同，我们只需要把思考过程写下来就行，这是一种很好的习惯哦！

注意！

你可能注意到了“公平交换”的方式不止一种，至于用哪种方式，取决于你想要哪个数字变成以 0 结尾的整数。不过你得注意，从一个数字那里拿走的部分一定要和送给另外一个数字的部分一模一样！比如，要做 41 + 28 这道加法题，我们不能让这两个数都变成以 0 结尾的整数，无论这种方法看起来多么诱人，都不可以！比较一下：

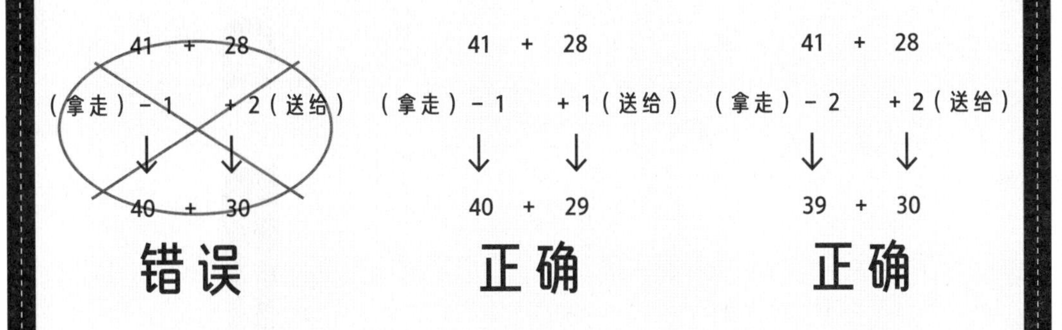

两种“公平交换”的方法：40 + 29 和 39 + 30 都能得出正确答案 69。记住，不能改变玩具总数，也就是说不能改变答案。我们把数字移来移去的目的，只是为了让题目看起来更直观，让解题变得更容易。

怎么样，我们把这些加法题变简单了，是不是很棒呢？到目前为止，我们学习了两种不同的解题小诀窍。诀窍 1 是想象我们手里有烤盘和小面包，要移动小面包来装满一个烤盘。诀窍 2 就是我们刚才学习的“公平交换”。现在我要教你诀窍 3。我们先从比较容易的题目开始，然后再来搞定答案！这些都是心算做题的好方法，你可以选择最适合自己的方法。我们开始吧！

简易加法小诀窍 3：等会儿再收拾！

你有过这样的经历吗？你本来在玩玩具，突然想去玩其他好玩的，可你真的不想把弄乱的玩具收拾好……

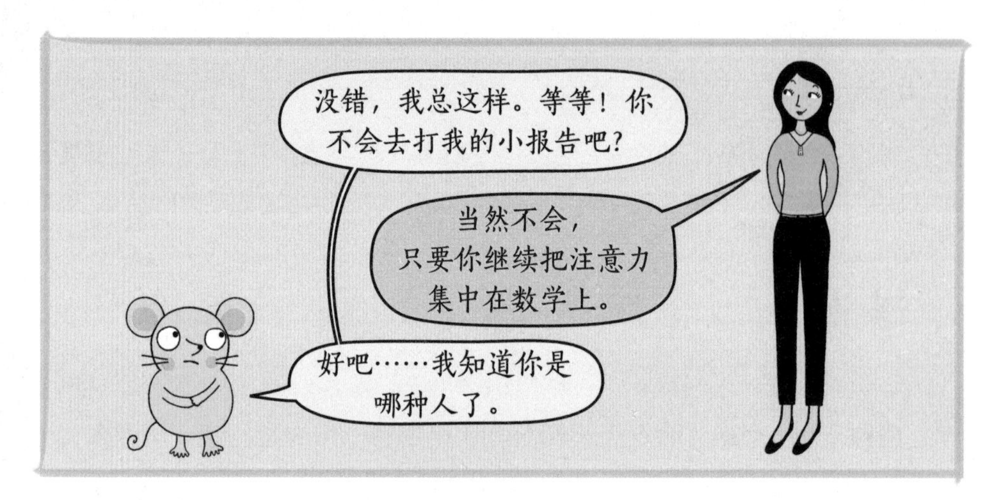

没错，我总这样。等等！你不会去打我的小报告吧？
当然不会，只要你继续把注意力集中在数学上。
好吧……我知道你是哪种人了。

你可能会想："哼，我现在想干吗就干吗，等会儿再来收拾这些乱糟糟的玩具。"这招是不是奏效，得看你的爸爸妈妈有多严格！不过，我们倒是可以用这招来解数学题！

我们来算算 32 + 49。我们可以对自己说："天哪！ 32 + 49 怎么乱糟糟的。我还是先从简单的开始算起吧。先从数字 32 那里拿走 2，得到了比较简单的题目 30 + 49，答案是 79。不过这还不是最终答案。我们拿走 2 的时候把数字搞乱了，现在需要把 2 加回去收拾干净，才能得到最终答案：79 + 2 = 81。完成啦！"

明白其中的原理了吗？做加法的方法有很多种，选择你最喜欢的方法就行。关键在于如何移动数字把它变成更简单的题——通常是把一个数凑成以 0 结尾的整数。

用你最喜欢的方法来解下面的加法题：首先把题目变“简单”，也就是先把数字变成 10、20 这样以 0 结尾的整数。我做第 1 题示范给你看。

1. 65 + 17 = ___?___

一起来玩吧：我们先用“公平交换”法。数字 17 比较接近 20——只要加上 3 就行了，对不对？然后再来分享玩具吧！从数字 65 那里拿走 3（65 变成了 62），送给数字 17（17 变成了 20）。

65 + 17

（拿走）– 3　　+ 3（送给）

↓　　↓

62 + 20

这样题目就变简单了：62 + 20 = 82！换成“等会儿再收拾”的方法。我们可以这样想：“嗯，我现在不想算 65 + 17，我想算 65 + 20！65 + 20 = 85。”因为多加了数字 3，我们还得减去 3 才能得到最后答案，所以 85 – 3 = 82。完成啦！

答案：65 + 17 = 82

2. 65 + 11 = ___?___

3. 22 + 38 = ___?___

4. 33 + 9 = ___?___

5. 19 + 13 = ___?___

6. 16 + 68 = ___?___

7. 84 + 7 = ___?___

8. 59 + 13 = ___?___

9. 28 + 13 = ___?___

10. 12 + 47 = ___?___

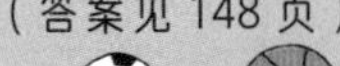
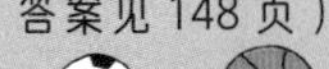
（答案见 148 页）

减法说明

记住，这一章学到的各种解题方法只适用于加法，不能用来做减法哦！减法是求两个数的差，加法是求两个数的和，它们是完全不同的。做减法题时，只要想着把烤盘和小面包划去就好了。减法中，数字是不会约着一起玩的！

我们都知道，跑得越多，就能跑得越快！体育锻炼能强身健体。同样的道理，做数学练习也能锻炼你的大脑，让大脑变得更强大！没错，现在你的大脑已经变得更强大了！你真了不起！

第八章

伸个懒腰，小猫，伸个懒腰吧！用展开式来做加减法

你见过小猫伸懒腰吗？上一刻它还是毛茸茸的一团，下一刻却突然变得好长好长！猫还是那只猫，它只不过伸了个懒腰！要是我们用数位展开式把数字写下来的话，它们也能像猫咪一样变长呢。

伸展开还是站起来？展开式和标准式！

还记得我们在 65 页学过的数位吗？用展开式把一个数字写下来，其实就是单独列出每一个数位上的数字，再指出它代表多少！就像发现一个数字蕴含着什么，再告诉大家每个数字真正代表的数值。

展开式：

$$87 = 80 + 7$$

$$456 = 400 + 50 + 6$$

$$222 = 200 + 20 + 2$$

学习笔记

“没什么”好写！

如果一个数位上的数字是 0，表示它的数值为 0，我们就什么都不用写——0 代表“没有”！所以 906 这个数，我们不用写成 $906 = 900 + 0 + 6$，可以直接写成 $906 = 900 + 6$。明白了吗？

展开式的写法还能帮助我们正确地把数字念出来！比如，数字 456 就念成四百五十六。

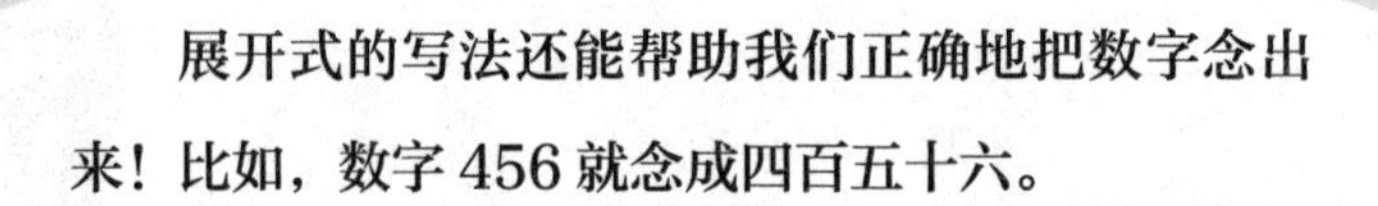

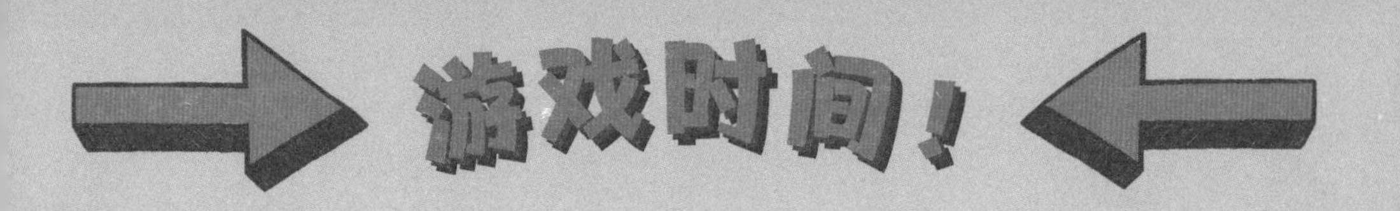

假装你变成了一只小猫，你想伸个大大的懒腰！用展开式（伸懒腰）把身体拉长，把下面这些数字（小猫）写下来吧。我做第 1 题示范给你看。

1. 809

一起来玩吧：我们看到百位上是数字 8，所以知道它代表数值 800。十位上是数字 0，而无论 0 在哪个数位上，0 的数值就是 0！我们又看到个位上是数字 9，知道它代表数值 9。

那么是要写成 800 + 0 + 9 吗？嗯，道理上是对的，但我们不用把 0 写下来。准备好要伸懒腰啦！

答案：809 = 800 + 9

2. 186　　3. 324　　4. 59

5. 425　　6. 99　　7. 311

8. 888　　9. 567　　10. 717

11. 950　　12. 12　　13. 501

（答案见 148 页）

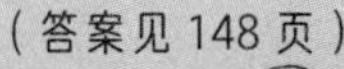

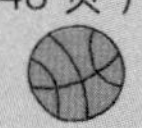

标准式和展开式

用展开式写一个数字，就是把每个数位上代表多少数值的数字展示出来。一个数字的常规写法（不展开写），我们称为标准式。如 294 是标准式写法，200 + 90 + 4 就是同一个数字的展开式写法。

标准式： 它只是站在那里！	展开式： 同一只猫——伸展、拉长
294	200 + 90 + 4

我不喜欢猫，但没做什么真的加法题，我还是很高兴的，哈哈。
很高兴听你这么说。
别太得意哦。

现在我们先来瞧瞧伸懒腰的小猫，再看看它们站在那儿不动——也就是标准式的时候是什么样子的。

把下面数字的展开式（伸懒腰的小猫）写成标准式（站着不动的小猫）。我做第 1 题示范给你看。

1. 600 + 70

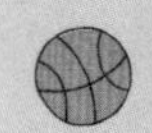

一起来玩吧：嗯，600 代表百位上的数字是 6，70 代表十位上的数字是 7，那么个位是几呢？我们得在个位上填上些什么，不然答案就会变成 67，比正确答案小多了。应该填什么呢？你猜对了，就是 0！

答案：670

2. 500 + 90 + 8　　3. 700 + 40 + 6　　4. 100 + 10 + 1

5. 600 + 10 + 9　　6. 100 + 20 + 3　　7. 900 + 80 + 7

8. 90 + 9　　9. 900 + 30　　10. 800 + 8

告诉你一个好消息！你刚刚做的可是三位数加法哦！
等等，难道我又被你骗了？
小把戏啦。不过实话和你说，这种感觉还不赖。

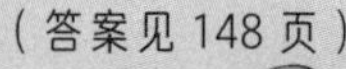
（答案见 148 页）

叠起来和伸展开：用展开式做两位数加减法

我们已经学习了用好几种方法来计算像 23 + 51 这样的题目。现在让我们瞧瞧小猫们是怎么做的！你见过小猫们蜷缩在一起，伸个懒腰，一只叠在另一只身上的样子吗？真的太可爱了！

其实，数字们也可以叠起来、伸展开呢！我们来试试把 23 + 51 像小猫一样一个个叠起来：

$$\begin{array}{r} 23 \\ +\ 51 \\ \hline \end{array}$$

再把数字展开，然后再叠起来！

$$\begin{array}{rcccc} 23 & = & 20 & + & 3 \\ +\ 51 & = & 50 & + & 1 \\ \hline & & \downarrow & & \downarrow \\ & & 70 & + & 4 \end{array} = 74$$

看到了吗？我们可以把个位上的数字圈起来相加（3 + 1 = 4），再把十位上的数字圈起来相加（20 + 50 = 70），然后把这两个结果加起来：70 + 4 = 74。就能得出答案 23 + 51 = 74。真棒！

游戏时间！

快看！小猫们挤成一堆，一只叠一只睡着了。我们把它们展开加起来吧！我做第 1 题示范给你看。

1. $\begin{array}{r} 61 \\ +21 \\ \hline \end{array}$

一起来玩吧：我们先把题目重写一遍，再让小猫们伸展开——也就是说把数字们展开！在数字 62 旁边写上“= 60 + 2”，在数字 21 旁边写上“= 20 + 1”。

$$\begin{array}{rcccc} 62 & = & 60 & + & 2 \\ +21 & = & 20 & + & 1 \\ \hline \end{array}$$

接着把个位上的数字和十位上的数字分别加起来：2 + 1 = 3，60 + 20 = 80。然后我们要把两个结果加起来，用标准式把答案写出来：80 + 3 = 83。完成啦！

$$\begin{array}{rcccc} 62 & = & 60 & + & 2 \\ +21 & = & 20 & + & 1 \\ \hline & & 80 & + & 3 & = & 83 \end{array}$$

答案：83

2. $\begin{array}{r} 45 \\ +43 \\ \hline \end{array}$

3. $\begin{array}{r} 34 \\ +25 \\ \hline \end{array}$

4. $\begin{array}{r} 70 \\ +19 \\ \hline \end{array}$

5. $\begin{array}{r} 61 \\ +16 \\ \hline \end{array}$

6. $\begin{array}{r} 27 \\ +52 \\ \hline \end{array}$

7. $\begin{array}{r} 58 \\ +30 \\ \hline \end{array}$

告诉你一个好消息：减法做起来也是一样的！

继续！→

（答案见 149 页）

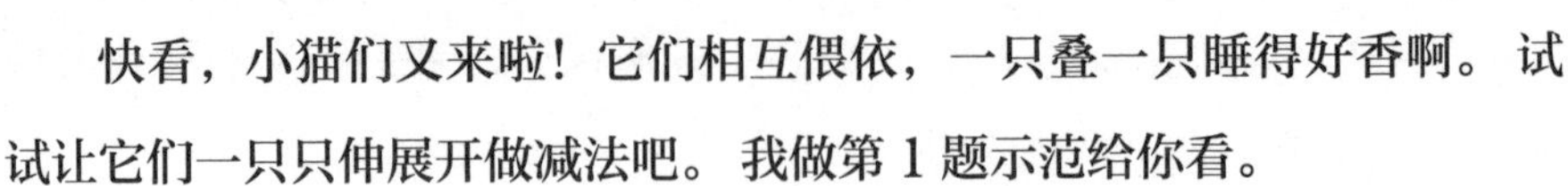
快看，小猫们又来啦！它们相互偎依，一只叠一只睡得好香啊。试试让它们一只只伸展开做减法吧。我做第 1 题示范给你看。

1.
$$\begin{array}{r} 86 \\ -\ 30 \\ \hline \end{array}$$

一起来玩吧：小猫们伸懒腰的时间到了！也许看起来有点奇怪，不过把数字 30 展开写成“30 + 0”能够提醒我们：数字 30 由 3 个烤盘和 0 个单个小面包组成。这种展开式写法能让我们一目了然！

$$\begin{array}{rcrcr} 86 & = & 80 & + & 6 \\ -\ 30 & = & 30 & + & 0 \\ \hline \end{array}$$

接着把个位上的数字圈起来相减，6 - 0 = 6，再把十位上的数字圈起来相减，80 - 30 = 50。

$$\begin{array}{rcrcr} 86 & = & 80 & + & 6 \\ -\ 30 & = & 30 & + & 0 \\ \hline & & 50 & + & 6 = 56 \end{array}$$

减去

最后，把两个结果加起来，用标准式把答案写出来：50 + 6 = 56。完成啦！

答案：56

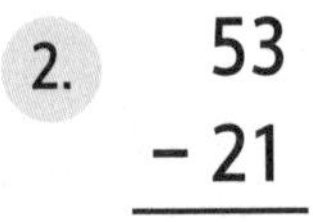
2.
$$\begin{array}{r} 53 \\ -\ 21 \\ \hline \end{array}$$

3.
$$\begin{array}{r} 64 \\ -\ 11 \\ \hline \end{array}$$

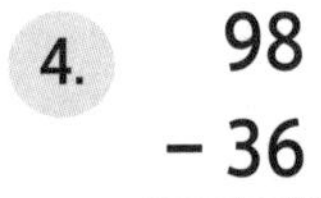
4.
$$\begin{array}{r} 98 \\ -\ 36 \\ \hline \end{array}$$

5.
$$\begin{array}{r} 87 \\ -\ 50 \\ \hline \end{array}$$

6.
$$\begin{array}{r} 72 \\ -\ 61 \\ \hline \end{array}$$

7.
$$\begin{array}{r} 49 \\ -\ 32 \\ \hline \end{array}$$

（答案见 149 页）

我们很快会学习不用展开式做加减法。不过现在展开式能够帮我们理清运算过程。

嗨，老鼠先生，我问你，
一只只猫咪叠起来，叠得很高
很高，你知道叫什么吗？
我猜你会
告诉我答案的。
叫"喵山"！听起来很像"高山"吧！
之所以叫"喵"是因为小猫叫起来……
好了好了，我明白了。
这下我要做噩梦了，梦到高高的
喵山。你高兴了吧？哼！

数字 235 的几种写法！

200 + 30 + 5

235

二百三十五

贰佰叁拾伍

喵山：用展开式做三位数加减法

我们也可以用展开式做三位数加法。怎样计算 235 + 461？快让小猫们叠起来，再伸个大懒腰，最后把数字加起来吧！

$$\begin{array}{r} 235 \\ +\,461 \\ \hline \end{array} \longrightarrow \begin{array}{rcccccc} 235 & = & 200 & + & 30 & + & 5 \\ +\,461 & = & 400 & + & 60 & + & 1 \\ \hline & & 600 & + & 90 & + & 6 & = & 696 \end{array}$$

把每个数展开后，要注意把百位、十位、个位一一对齐，再把相同数位上的数字圈起来相加，最后再把三个和加起来。这看起来就像一座座可爱的喵山。

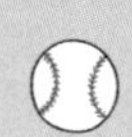

先把下面这些三位数重写一遍，让它们像喵山上的小猫一样伸展开来，试试把两个三位数加起来。我做第 1 题示范给你看。

1. 732 + 107

一起来玩吧：三位数加法乍一看有点可怕，不过你只要把它们当成叠成一团的喵山就行啦。首先，我们把这两个三位数叠起来：

$$\begin{array}{r} 732 \\ +\ 107 \\ \hline \end{array}$$

然后，让这些小猫咪伸个大懒腰！注意数字 107 的十位上的数字是 0，要在十位上写上 0，这样在计算的时候就变得清清楚楚啦。

$$\begin{array}{rcccccc} 732 & = & 700 & + & 30 & + & 2 \\ +\ 107 & = & 100 & + & 0 & + & 7 \\ \hline \end{array}$$

接着，把百位、十位和个位上的数字分别圈起来相加！

$$\begin{array}{rcccccccc} 732 & = & 700 & + & 30 & + & 2 & & \\ +\ 107 & = & 100 & + & 0 & + & 7 & & \\ \hline & & 800 & + & 30 & + & 9 & = & 839 \end{array}$$

喵！喵！感觉怎么样？

答案：839

2. $\begin{array}{r} 354 \\ +\ 534 \\ \hline \end{array}$

3. $\begin{array}{r} 718 \\ +\ 160 \\ \hline \end{array}$

4. $\begin{array}{r} 303 \\ +\ 492 \\ \hline \end{array}$

5. 123 + 231

6. 426 + 551

7. 807 + 151

现在我们用喵山来练习减法！

继续！→

（答案见 149 页）

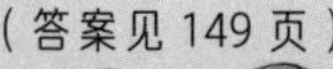

游戏时间！

借助喵山上伸懒腰的小猫们，来算算三位数的减法吧。我做第 1 题示范给你看。

1. 725 − 205

一起来玩吧：首先，把这两个数像小猫一样叠起来，然后让这些小猫伸个大懒腰。

$$\begin{array}{r} 725 \\ -\ 205 \\ \hline \end{array}$$

$$\begin{array}{rcrcrcr} 725 & = & 700 & + & 20 & + & 5 \\ -\ 205 & = & 200 & + & 0 & + & 5 \\ \hline \end{array}$$

减去

接着，把百位、十位和个位上的数字分别圈起来相减！

$$\begin{array}{rcrcrcrcr} 725 & = & 700 & + & 20 & + & 5 & & \\ -\ 205 & = & 200 & + & 0 & + & 5 & & \\ \hline & & 500 & + & 20 & + & 0 & = & 520 \end{array}$$

减去

最后，把展开式 500 + 20 + 0 写成标准式 520。完成！

答案：520

2.
$$\begin{array}{r} 847 \\ -\ 612 \\ \hline \end{array}$$

3.
$$\begin{array}{r} 589 \\ -\ 478 \\ \hline \end{array}$$

4.
$$\begin{array}{r} 564 \\ -\ 152 \\ \hline \end{array}$$

5. 980 − 430

6. 673 − 142

7. 438 − 333

（提示：像加法练习中一样，先把两个数叠起来！）

（答案见 149 页）

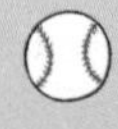

速算法：不用展开式做加减法！

我要偷偷告诉你一个小秘密——虽然喵山超级可爱，但其实还能用一种更快捷的速算法做加减法哦！

快捷方式

加减法计算的三种方法

比起把数字一个个画出来，你还知道什么更好的方法吗？对，把数字用展开式写出来。比起把数字用展开式写出来，你还知道什么更好的方法吗？没错，直接把答案写下来！我们先来比较一下这三种解题方法：

$$361 + 124 = 485$$

画出来：

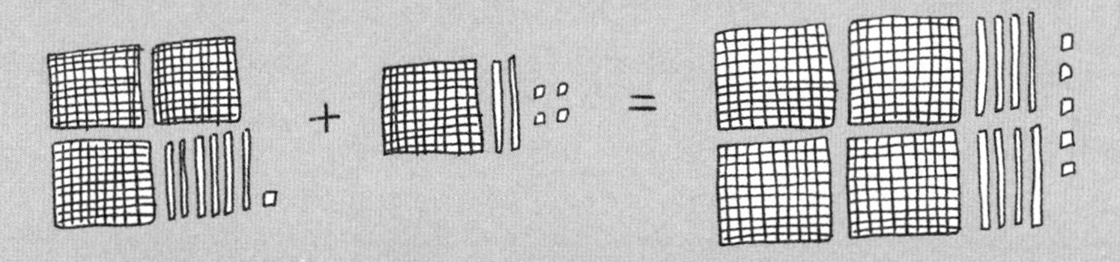

哇，要画好多图呀！现在我们不画图，用像小猫伸懒腰的展开式来解题。

361	=	300	+	60	+	1		
+ 124	=	100	+	20	+	4		
		400	+	80	+	5	=	485

伸个懒腰吧，小猫们！

现在，解这道题最快的方法来啦！

哇哦，真快！

$$\begin{array}{r} 3\ 6\ 1 \\ +\ 1\ 2\ 4 \\ \hline 4\ 8\ 5 \end{array}$$

我们要做的就是把每一列的数字自上而下直接加起来，当然每一次都要从个位开始。也就是说，个位上的数字 $1+4=5$，十位上的数字 $6+2=8$，百位上的数字 $3+1=4$。计算时可以把数字圈起来，也可以不圈。

下面就是用速算法来做 114 页上的减法题：

$$\begin{array}{r} 7\ 2\ 5 \\ -\ 2\ 0\ 5 \\ \hline 5\ 2\ 0 \end{array}$$

真棒！

我们把每一列数字自上而下直接相减：个位上的数字 $5-5=0$，十位上的数字 $2-0=2$，百位上的数字 $7-2=5$。这样算起来快多了吧？

最后一种方法算起来是最快的，不过每个人不一样，找到你最喜欢、最适合的方法就好啦。

能感觉到你的大脑越变越强大了吗？

既然有这么厉害的方法可以用，
那你为什么还要我们画那些画，还把
猫都带进来了呢？

因为先真正理解“位值”这个
概念对大数字加减法是很有帮助的。
就像116页上，百位上的数字7－2其实
就是700－200。只要记住这点，
你就能大显身手啦！

注意！

看到像 $732 + 61$ 这种数位不同的加法题，要把每个数位正确对应起来，更需要多动动脑筋，否则我们就会得出错误答案！

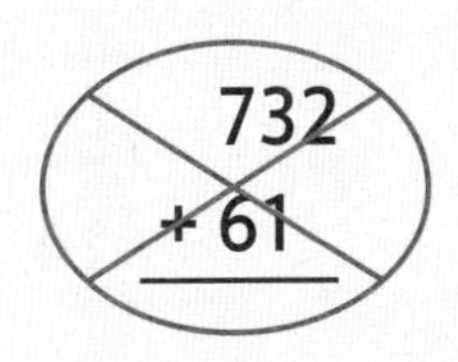

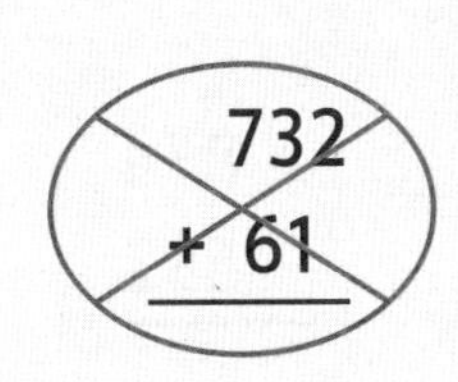

	百位	十位	个位
	7	3	2
+		6	1
	7	9	3

每次解题，都要问问自己：“个位上是哪几个数字？”这道题个位上的数字是2和1，要确保这两个数字像小猫一样叠起来。再问问自己：“十位上是哪几个数字？”这道题十位上的数字是3和6，要保证这两个数排成一列。接着，再把每一列上的数字自上而下直接加起来，就能得出正确答案了。明白了吗？还有一点要注意，百位上的数字7没有和任何数相加，所以答案中的百位上的数字还是7。

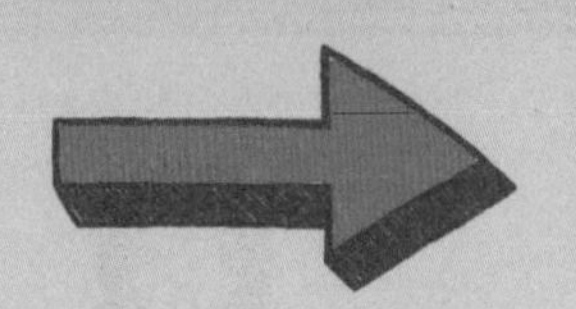

游戏时间！

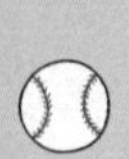

不用画图和展开式的方法来做加减法。我做第 1 题示范给你看！

1. $875 - 72 = ?$

一起来玩吧：首先，我们要把这两个数叠起来，保证它们排列正确。个位上是哪两个数字？对了，是 5 和 2。十位上是哪两个数字？没错，都是 7。我们把它们叠起来：

$$
\begin{array}{r}
875 \\
-\ 72 \\
\hline
803
\end{array}
$$

每次都从个位开始算：5 − 2 = 3。接着来算十位：7 − 7 = 0。最后百位上的 8 不用减去任何数，所以还是 8，我们就直接在横线下写上 8！完成！

答案：803

2.
$$
\begin{array}{r}
652 \\
+\ 134 \\
\hline
\end{array}
$$

3.
$$
\begin{array}{r}
874 \\
-\ 532 \\
\hline
\end{array}
$$

4.
$$
\begin{array}{r}
768 \\
-\ 414 \\
\hline
\end{array}
$$

5.
$$
\begin{array}{r}
707 \\
-\ 404 \\
\hline
\end{array}
$$

6. $890 - 390$

7. $466 - 465$

8. $542 + 346$

9. $736 - 403$

10. $324 + 72$

11. $987 - 231$

12. $26 + 43$

13. $865 - 805$

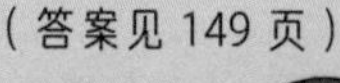

（答案见 149 页）

数学好像总是让你很开心、很激动。能给我一个理由吗？
因为解数学题很好玩。
好吧。
也能让我们的大脑变得更敏锐、更强大。
嗯……听起来不错……特别是我有统治全球的计划，也许当个宇航员绕地球飞行也很棒。你得非常聪明才能实现目标，对吧？
当然！解数学题就是一种让你变得更聪明的好办法。

第九章

高速公路和骑脖子：重组做加法（进位加法）

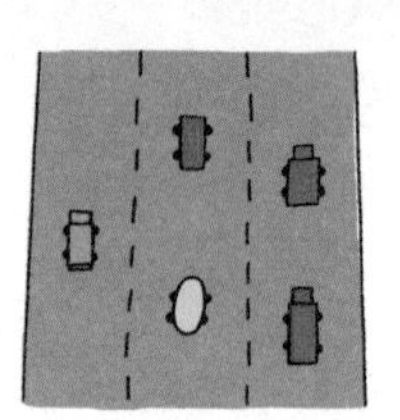

你有没有注意过，爸爸妈妈开车时，小轿车和大卡车大多时候都在各自的车道行驶呢？这种“各行其道”的通行规则能防止车辆相撞，保障道路安全。

现在，我们也要用这种“各行其道”的方法来固定位值，做大数字加法！

117 页中，我们把个位和十位分别圈起来，算出了 732 + 61 的答案。画圈这种方法能够保证数字待在正确的位置。我们也可以试试把这种竖式加法当成高速公路，画出车道！

$$\begin{array}{r} 7\ 3\ 2 \\ +\quad 6\ 1 \\ \hline 7\ 9\ 3 \end{array}$$

← 两种画出直行车道的方法 →

$$\begin{array}{r|r|r} 7 & 3 & 2 \\ + & 6 & 1 \\ \hline 7 & 9 & 3 \end{array}$$

有多种解题方法可以选择，是不是很棒呢？现在题目变难了，我更喜欢用高速车道这种方法，特别是数字们开始在彼此的“肩膀”上骑来骑去，玩起了骑脖子的游戏。

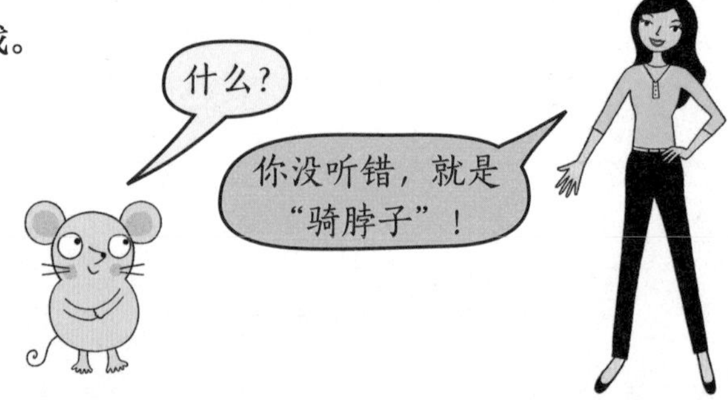

快把我扛起来呀！重组做两位数加法

你小时候有没有玩过骑脖子的游戏？爬上爸爸妈妈或者哥哥姐姐的背，骑在他们的脖子上，让他们把你扛起来。数字们很快也要玩骑脖子游戏啦！

要是遇到 25 + 48 这种加法题，该怎么解题呢？首先，我们还是把它们当成叠在一起的小猫，再画出高速车道，这样它们就能行驶在自己的车道上，避免发成交通事故。

$$\begin{array}{r|l} 2 & 5 \\ +4 & 8 \\ \hline & \end{array}$$

乍一眼看上去，这个形式的加法没什么特别的，但仔细观察就会发现，当我们把个位一列加起来时，得到 5 + 8 = 13。唔，不能把数字 13 整个写在个位上，否则答案就错啦！那 13 这个数代表什么呢？就是 1 个十和 3 个一，对吧？所以，我们把 3 写在个位上，再把 1 个十扛起来，让它在十位一列最上面玩骑脖子游戏！可以这样想：我们刚刚创造出 1 个全新的十，我们得把它编入十位这个队列——这才是真正属于它的地方啊。

$$\begin{array}{r|l} 1 & \\ 2 & 5 \\ +4 & 8 \\ \hline & 3 \end{array} \qquad \begin{array}{r|l} 1 & \\ 2 & 5 \\ +4 & 8 \\ \hline 7 & 3 \end{array}$$

然后再把十位这一列自上而下加起来：1 + 2 + 4 = 7。这就算出了有 7 个十和 3 个一，答案就是 73。完成啦！

我们把这种方法叫作“重组”，这可能和你在学校里学到的叫法相同。不过，一些人——包括你的爸爸妈妈——可能把这种方法叫作“进位”。

两位数加法：什么时候重组？

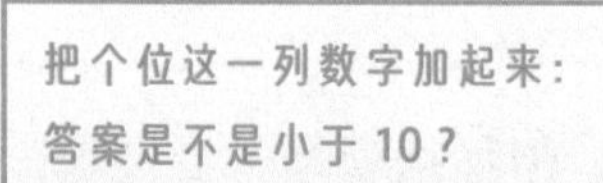

简单极了！

1. 先把个位这一列数字加起来，结果放在个位不动；
2. 再把十位这一列数字加起来，结果放在十位不动。

需要重组！

1. 先把个位这一列数字加起来；
2. 得出的答案中一的部分放在个位上不动；
3. 得出的答案中十的部分加到十位这一列上（骑脖子）；
4. 再把十位这一列自上而下整个加起来！

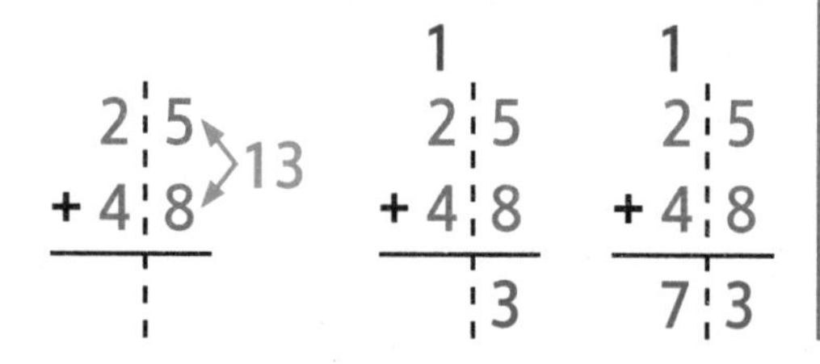

模型再现来重组！

还记得第五章中我们学过的模型吗？让我们用模型把重组画出来吧！

怎么用模型来算 36 + 18 呢？首先要用模型画出这两个数字。没错，不过这次我们要把它们像小猫一样叠起来。我还会用高速公路的方法和它做比较！你更喜欢哪种方法？

36 + 18 的两种算法

模型法　　高速公路法

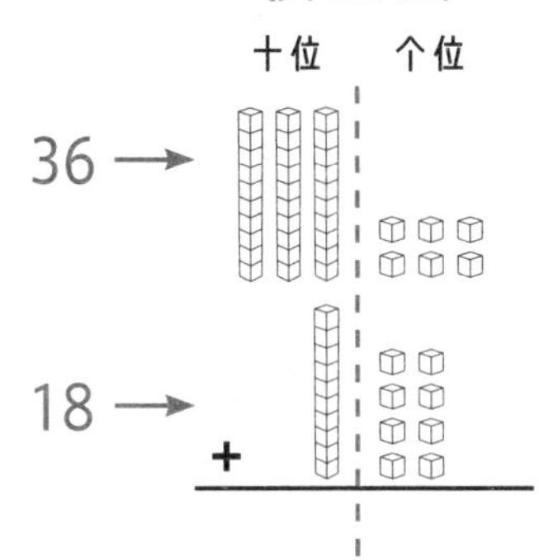

首先，把数字当成小猫一样叠起来。要保证每个数位上的数字乖乖待在自己的车道上。

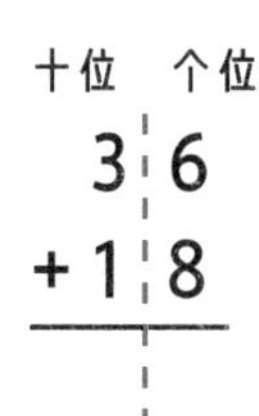

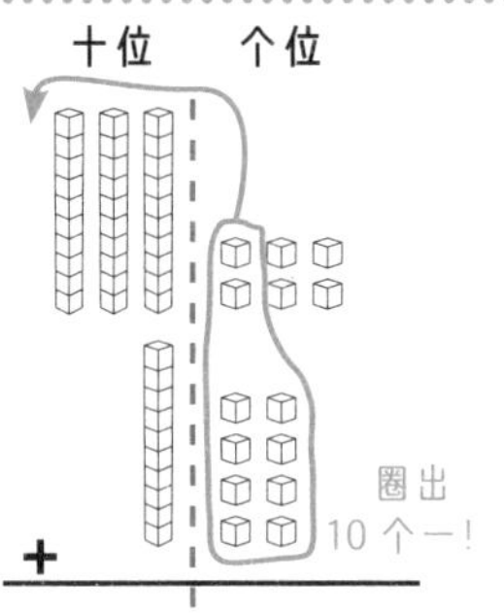

然后，把个位上的数字加起来：6 + 8 = 14。嗯，这个数已经大于 9 了，所以要重组——把 10 个一变成 1 个十！

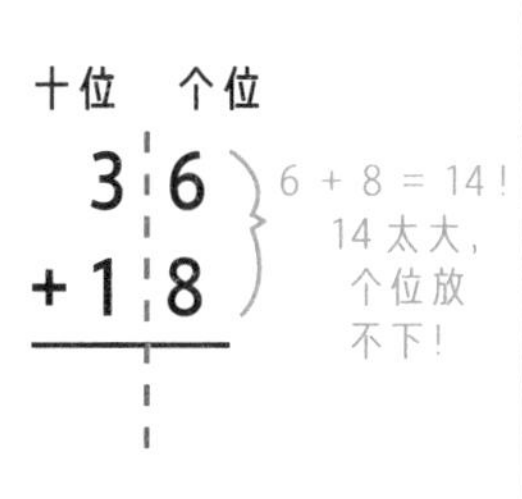

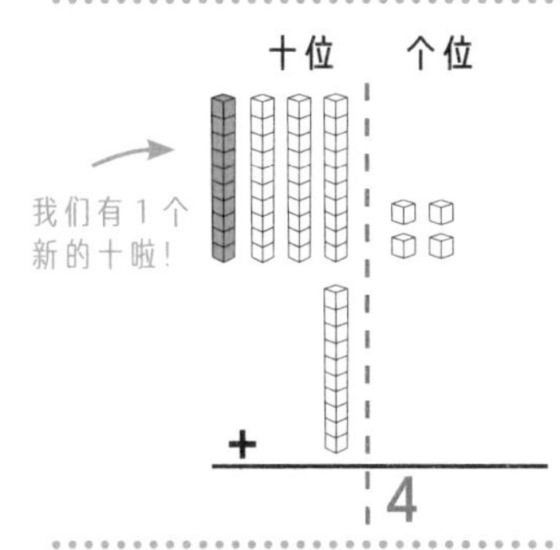

看看新得到的数字 14，要把 4 留在个位这一列，写在横线下面，再把新的 1 个十放到属于它的地方——十位这一列上。

十位　个位

我们有 1 个新的十啦！

1
3 6
+1 8
　4

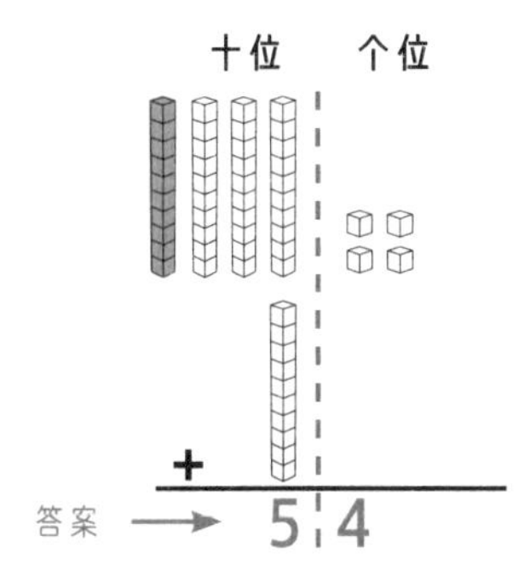

现在把十位这一列加起来：1 + 3 + 1 = 5。

哈哈！这样我们就算出了最后答案：36 + 18 = 54。

十位　个位

1
3 6
+1 8
答案 → 5 4

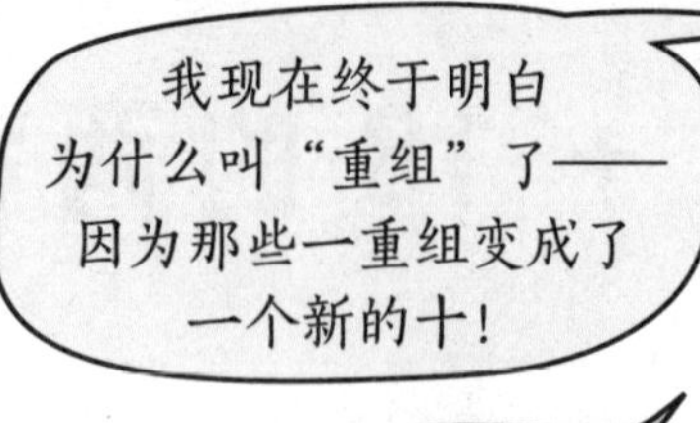

我现在终于明白
为什么叫“重组”了——
因为那些一重组变成了
一个新的十！
正是如此！

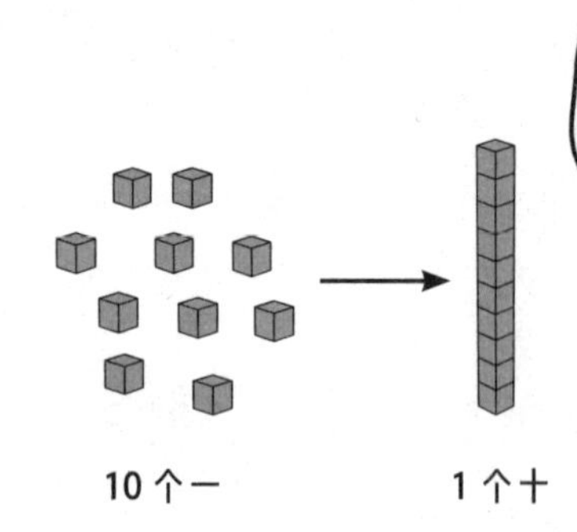

学习笔记

有时我们会发现一个数字要骑脖子，但没有地方可以让它骑，这种情况是完全正常的！我们只要再造一条新车道就行啦！来试试这个：97 + 38 =？

$$\begin{array}{r} 97 \\ +\ 38 \\ \hline \end{array} \xrightarrow{\text{到这步为止都很顺利！}} \begin{array}{r} {}^{1} \\ 97 \\ +\ 38 \\ \hline 5 \end{array}$$

按照通常做法，我们先把个位这一列加起来：7 + 8 = 15。把 5 留在个位这一列上，让 1 骑到十位这一列的脖子上。到这步为止都很顺利。然后，我们把十位这一列加起来：1 + 9 + 3 = 13。哎呀，现在我们有 13 个十……这代表 3 个十和 1 个百！（想想之前在 60 页学过的内容：我们看到 10 个十可以组成 1 个百。）这就意味着：要把这里的 1 放到百位上去。

$$\begin{array}{r} {}^{1}\ {}^{1} \\ 97 \\ +\ 38 \\ \hline 35 \end{array} \quad \text{我们建了一条新车道！} \quad \begin{array}{r} {}^{1}\ {}^{1} \\ 97 \\ +\ 38 \\ \hline 135 \end{array}$$

没问题了！这样我们就得出了 1 个百、3 个十和 5 个一，也就是 135！完成啦！

用重组法把这些数加起来。我做第 1 题示范给你看。

1. 436 + 27 = ?

一起来玩吧：首先，我们把这个加法写成一座喵山。（还记得第八章里那些可爱的小猫吗？）接着，画出高速车道，一定要保证数字对齐，每个数字都乖乖待在自己的车道上。然后，我们先把个位这一列加起来：6 + 7 = 13。3 待在个位上不动，1 骑到十位这一列的脖子上！接着，我们把十位这一列加起来：1 + 3 + 2 = 6。

```
   1          1          1
  436        436        436
+  27      +  27      +  27
-----      -----      -----
    3         63        463
```

别忘了百位上的数字 4！直接把 4 写在横线下面。这样我们总共得到 4 个百、6 个十、3 个一，也就是 463！

答案：436 + 27 = 463

2. 54 + 17 = ?　　3. 28 + 43 = ?　　4. 45 + 39 = ?

5. 73 + 19 = ?　　6. 65 + 18 = ?　　7. 257 + 34 = ?

8. 817 + 26 = ?　　9. 98 + 34 = ?　　10. 78 + 56 = ?

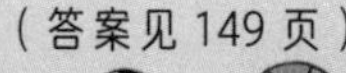
（答案见 149 页）

学习笔记

小计 & 合计

还有一种重组做加法的方法叫“小计 & 合计”。首先，我们把十位上的数字加起来——小计十位上的数，然后，我们再把个位上的数字加起来——小计个位上的数，接着再把这两个“小计”加起来算出“合计”数——这就是最后的答案！当然，我们依然可以画出数字们的高速车道。来看 124 页上的那道题：

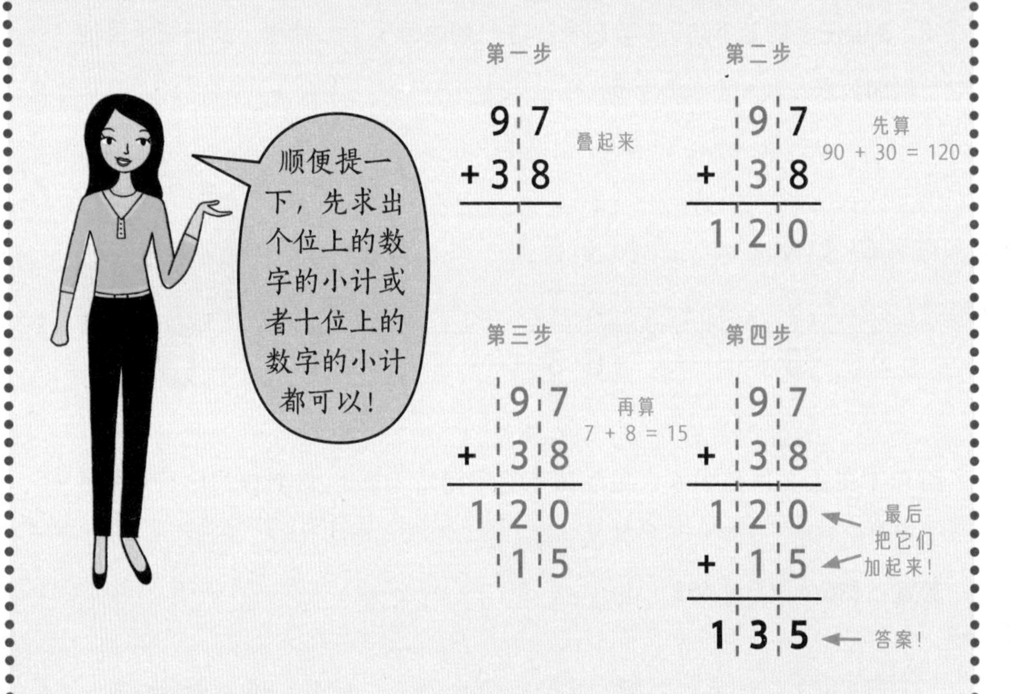

用“小计 & 合计”这种方法时，要特别注意十位上的加法不是算 $9+3$，而是算 $90+30$，所以答案是 120。一定要记住：列竖式计算加法时，先要把数位对齐——就是让每辆车乖乖待在自己的车道上。

虽然这种方法要多花一点工夫，但是也有好多人偏爱用这种方法。试试用这种方法来做 125 页上的练习题，看看你更喜欢哪种方法吧。

嘟嘟嘟！更多车道！重组做三位数加法

大城市里的高速公路更宽，这就意味着路上有更多车道！大数字加法其实和我们之前学过的一样，只不过计算时多了几条“车道”而已。我们来试试做 983 + 579 吧。哇，是不是一下子有点傻眼，这道题太难了吧！没关系，只要确保所有车子在各自正确的车道上行驶，它们就不会撞到一起啦。要是你乐意，也可以把它们当成可爱的喵山。我们开始吧！

首先，我们把数字写成竖式，标出车道：

$$
\begin{array}{r|c|c|c}
 & \text{百位} & \text{十位} & \text{个位} \\
 & 9 & 8 & 3 \\
+ & 5 & 7 & 9 \\
\hline
 & & &
\end{array}
\qquad
\begin{array}{r|c|c|c}
 & & 1 & \\
 & 9 & 8 & 3 \\
+ & 5 & 7 & 9 \\
\hline
 & & & 2
\end{array}
\qquad
\begin{array}{r|c|c|c}
 & 1 & 1 & \\
 & 9 & 8 & 3 \\
+ & 5 & 7 & 9 \\
\hline
 & & 6 & 2
\end{array}
$$

第二步，我们把个位上的数字加起来：3 + 9 = 12。真棒！让 2 待在个位不动，1 骑到十位的脖子上。然后，我们把十位上的数字加起来：1 + 8 + 7 = 16。16 个十意味着我们有 6 个十和 1 个百！所以，让 6 待在十位不动，让 1 骑到百位的脖子上。接着，我们把百位上的数字加起来：1 + 9 + 5 = 15。哎呀！现在该怎么办呢？嗯……15 个百意味着我们有 5 个百和 1 个千！因此我们要新建一条千位数车道，在千位上填上 1。

$$
\begin{array}{r|c|c|c|c}
 & 1 & 1 & 1 & \\
 & & 9 & 8 & 3 \\
+ & & 5 & 7 & 9 \\
\hline
 & 1 & 5 & 6 & 2 \\
 & \text{千位} & \text{百位} & \text{十位} & \text{个位}
\end{array}
$$

这样我们就得到了 1 个千、5 个百、6 个十和 2 个剩下的一——也就是 1562。完成啦！

答案：983 + 579 = 1562

用高速车道和骑脖子做下面的加法题。我做第 1 题示范给你看。

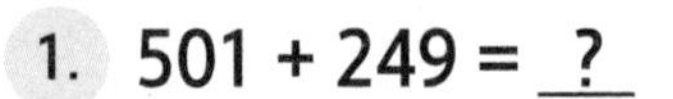

一起来玩吧：别被 501 中的数字 0 吓跑，其实它让题目变简单了呢！首先，我们让数字们驶入自己的车道，一一对齐。先把个位上的数字加起来：1 + 9 = 10。我们得到了 1 个十和 0 个一，因此我们把 0 留在个位上，让 1 骑到十位的脖子上。

$$\begin{array}{r} {}^{1} \\ 501 \\ +\ 249 \\ \hline 0 \end{array} \qquad \begin{array}{r} {}^{1} \\ 501 \\ +\ 249 \\ \hline 50 \end{array} \qquad \begin{array}{r} {}^{1} \\ 501 \\ +\ 249 \\ \hline 750 \end{array}$$

然后，我们把十位加起来：1 + 0 + 4 = 5，一共有 5 个十。接着把百位加起来：5 + 2 = 7，最后得到的总数是 750。我们成功地让每辆车都行驶在各自的车道上，真棒！

答案：501 + 249 = 750

2. 278 + 173 = ?　3. 376 + 179 = ?　4. 802 + 118 = ?

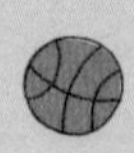

5. 566 + 256 = ?　6. 189 + 588 = ?　7. 743 + 182 = ?

8. 876 + 345 = ?　9. 999 + 222 = ?　10. 828 + 484 = ?

太棒了！简直不敢相信，我们只剩下最后一章了！第十章我们要学习更多的减法，还要玩好玩的活动眼睛贴。敬请期待吧！

（答案见 149 页）

第十章

一大盒活动眼睛贴：退位做减法（借位减法）

假设你们班在上活动课。用到很多盒活动眼睛贴，每个盒子里面有 10 个贴纸。你的任务是打开盒子，把贴纸分给同学们。也就是说，你要把活动眼睛贴从盒子里拿出来。

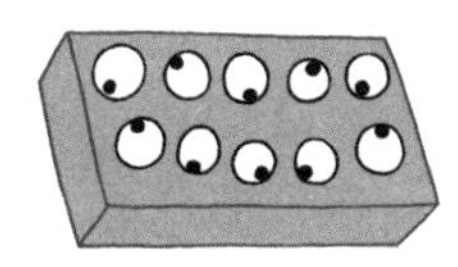

现在只有一位同学还没拿到贴纸，但你手里的盒子已经空了，你得打开一盒新的贴纸，才能分给她 2 个活动眼睛贴。虽然你身边有一堆盒子，不过要开一盒新的还是有点烦人，对不对？

说实话，有时候数学题中也会出现这种情况。不过，我觉得我们应该庆幸，一开始就有这么多盒子……

打开盒子：两位数借位减法

我们来算 83 － 64。和加法一样，我们要保证每个数字待在自己的车道上。先写出竖式：

$$\begin{array}{r} 83 \\ -64 \\ \hline \end{array}$$

很好。先看个位：我们要算 3 － 4。什么？等等！这没法减啊，因为 3 比 4 小，不够减啊！没关系！毕竟我们身边还有 8 盒活动眼睛贴呢！就是说有 8 个十安静地坐在那里。我们可以拿出 1 个十——一盒装有 10 个活动眼睛贴的盒子，“打开盒子”，把 10 个活动眼睛贴放到个位上！我们把这种“打开盒子”的方法叫作“借位”。就像这样：

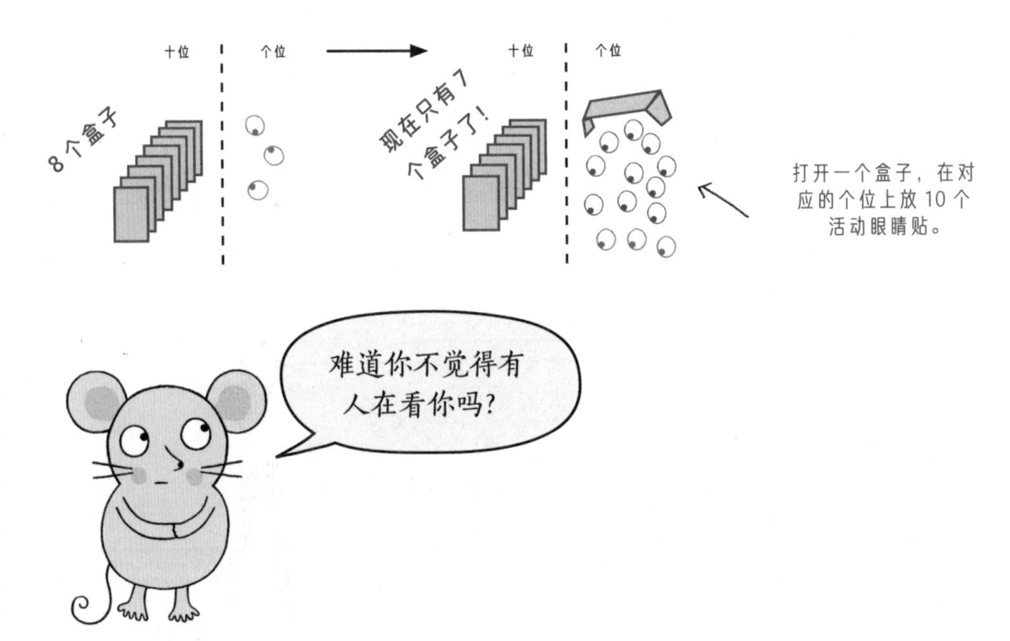
十位
个位
8个盒子
十位
个位
现在只有7个盒子了！
打开一个盒子，在对应的个位上放 10 个活动眼睛贴。
难道你不觉得有人在看你吗？

看看数字们发生了什么变化！我们从十位上拿走一个10，把它给了个位。因此8变成7（还剩7个盒子），3变成13（因为我们从盒子里拿出了10个新的活动眼睛贴）。现在个位是10 + 3 = 13，现在就能做个位上的减法啦！

这里只剩下7个盒子

我们把1个盒子里的10个活动眼睛贴放在这里，这样总共有13个活动眼睛贴了！

$$\begin{array}{rr} {}^{7}\,8 & {}^{13}\,3 \\ -\,6 & 4 \\ \hline \end{array}$$

现在，我们先做个位减法：13 − 4 = 9，再做十位减法：7 − 6 = 1。

$$\begin{array}{rr} {}^{7}\,\not{8} & {}^{13}\,\not{3} \\ -\,6 & 4 \\ \hline & 9 \end{array}$$

现在自上而下减！

$$\begin{array}{rr} {}^{7}\,\not{8} & {}^{13}\,\not{3} \\ -\,6 & 4 \\ \hline 1 & 9 \end{array}$$

最后我们得到1个十和9个一，也就是19！所以83 − 64 = 19。真厉害！

两位数减法：什么时候借位？

先看个位上的数字：上面的数字是不是比下面的数字大？

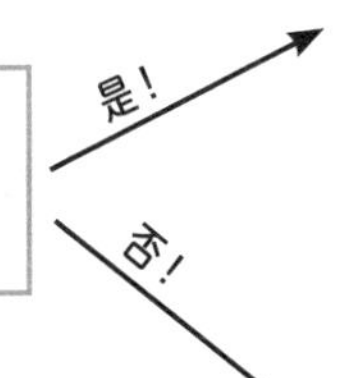

简单极了！

1. 个位上的数字相减，结果放在个位上不动；
2. 十位上的数字相减，结果放在十位上不动。

借位！

1. 从十位上借1个十（原来十位上的数字减去1）；
2. 把这个十加到个位上（原来个位上的数字加上10）；
3. 个位上的数字相减；
4. 十位上的数字相减。

$$\begin{array}{rr} 7 & 5 \\ -\,3 & 8 \\ \hline \end{array} \qquad \begin{array}{rr} {}^{6}\,\not{7} & {}^{15}\,\not{5} \\ -\,3 & 8 \\ \hline \end{array} \qquad \begin{array}{rr} {}^{6}\,\not{7} & {}^{15}\,\not{5} \\ -\,3 & 8 \\ \hline 3 & 7 \end{array}$$

有些人把“借位减法”叫作“退位减法”。当然确切地说，也不算真的借，因为我们不会把“借来”的 10 个一还给十位上的数字。

“不算真的借”。没错，我也听过这种话。就像别人问你“借”张纸巾来擤鼻涕。借？这真的是借吗？

老鼠先生，我觉得你在转移话题。

没有，我是说真的。他们会这样问：“我能借张纸巾吗？”我会这样回答：“别说什么借不借的，赶紧拿走吧。我才不要你的鼻涕鼻屎呢！”

鼻屎不是鼻涕干了形成的吗？

所以我才这样说呀！

注意！

记住，每次都要先从个位开始“借位”，然后再做减法。比如 83 − 64，要是不先借位，直接从十位开始减，就会陷入困境！

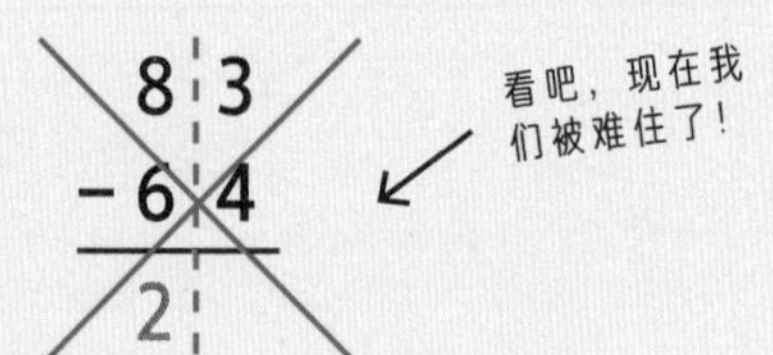

借位减法模型

还记得第五章里我们学过用模型法做减法吗？先画出较大的被减数模型，再把减数划掉。我们来看 75 页和 76 页上的例题：86 － 34。首先画出被减数 86，再划掉减数 34，最后再把求出的结果 52 圈起来！

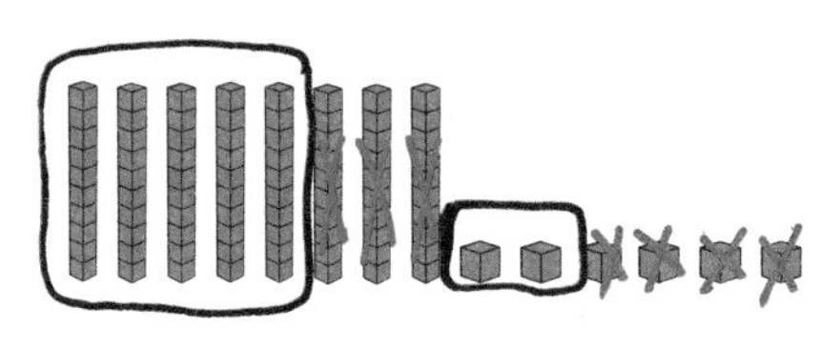

86 - 34 = 52

现在来算 56 － 39。首先，画出 56 的模型：5 个十和 6 个一。然后要划掉 39，可是等一下，这里没有 9 个一可以划掉，对吧？我们得新开一盒活动眼睛贴了，也就是说，我们要借 1 个十（10 个一组的小方块），把它变成 10 个一！

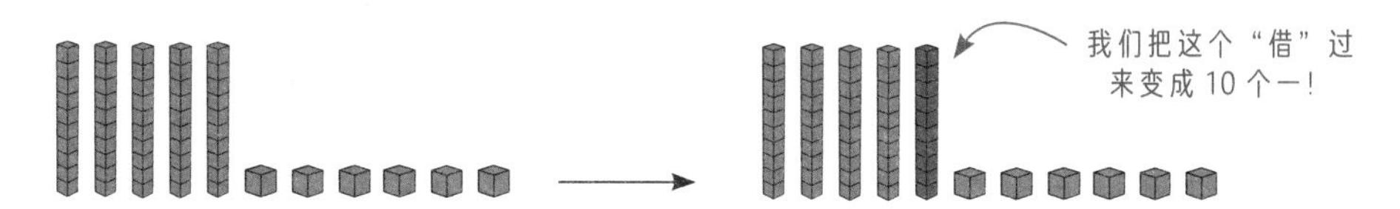
我们把这个“借”过
来变成 10 个一！

现在再来看看“借位”后的模型——有足够的个位可以划掉了。

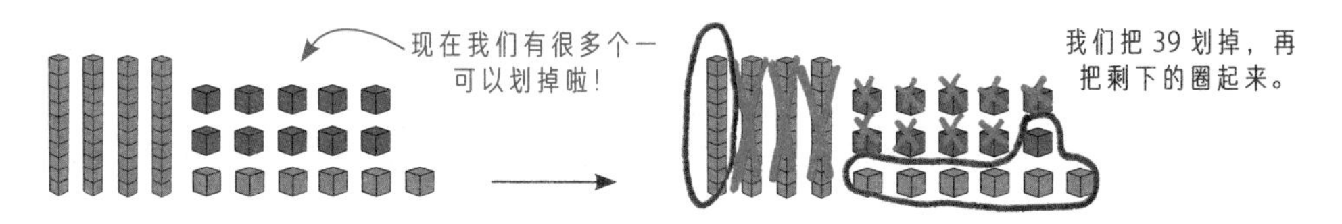
现在我们有很多个一
可以划掉啦！
我们把 39 划掉，再
把剩下的圈起来。

56 - 39 = 17

我们用模型法做出了这道题：56 － 39 ＝ 17！真棒！

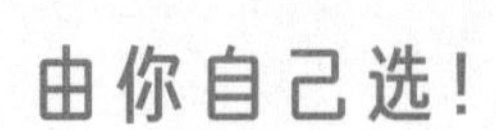

由你自己选！

做借位减法时，你可以像我们刚才练习的那样，想象出模型（或者真的画下来），也可以把它们想成一盒盒活动眼睛贴，或者这两种方法都不用，只画出高速车道，再变换数字。毕竟你的大脑你做主，选你最喜欢的方法就行啦！

戴上你的"思考帽"！

还记得我们在41页看过的内容吗？每当你觉得题目特别难、特别有挑战的时候，记得戴上你的"思考帽"。加油！什么都难不倒你的！

有很多种选择是不是很棒？记住，无论我们选择哪种方法来“借位”，核对答案这一步都很重要，因为在计算过程中（特别是做减法题）很容易犯错。

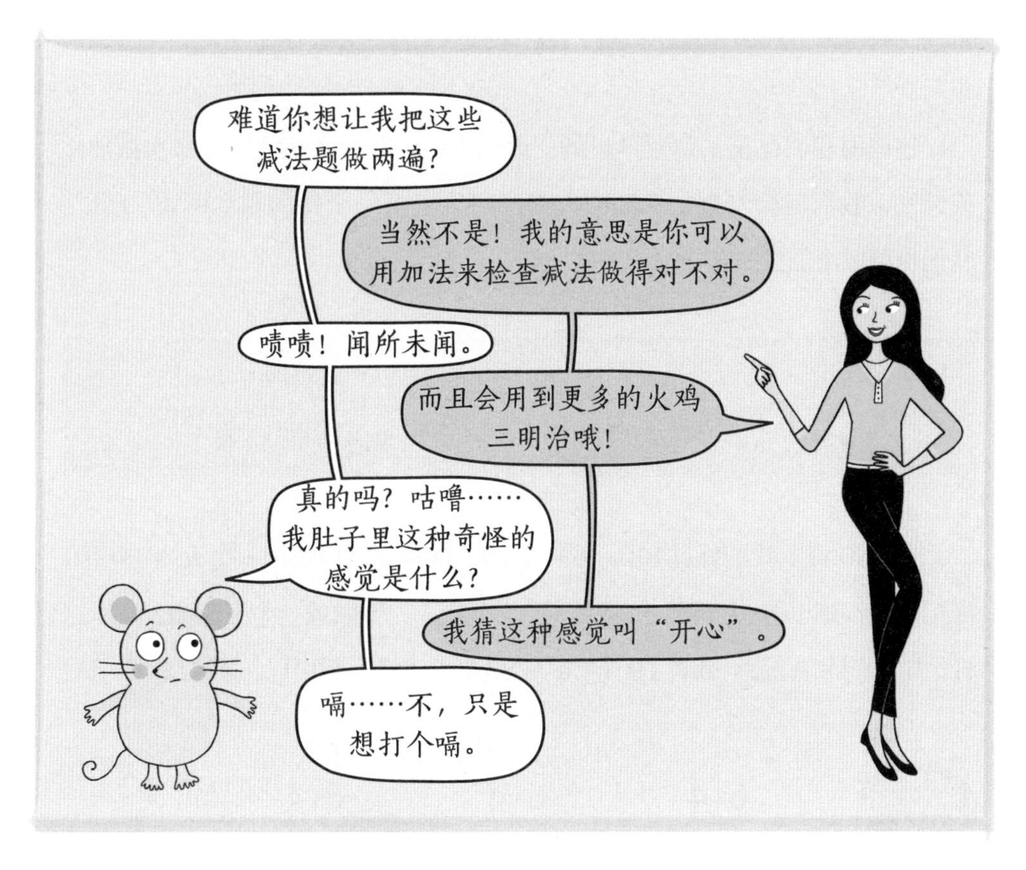

火鸡三明治再现：用加法检查答案！

还记得我们在第二章里学过的“火鸡三明治”基本形式吗？每次做加法或减法，我们就会发现一个新的火鸡三明治——一个新的基本形式！所以，我们也可以用加法来检查减法答案。

火鸡肉＋面包 = 三明治	面包＋火鸡肉 = 三明治
三明治－火鸡肉 = 面包	三明治－面包 = 火鸡肉

在 130 页上我们算过 83 － 64 = 19，这其实就像毁掉一个火鸡三明治，还记得吗？这里的“三明治”就是最大的数 83！要做成一个三明治，可以这样：64 + 19 = 83，或者 19 + 64 = 83——二选一都可以。我们来试一试：

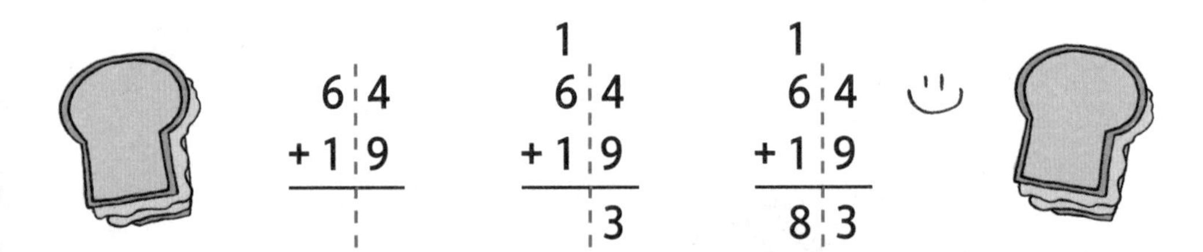

没错，这样就得到了 83 这个数！无论做成一个三明治还是毁掉一个三明治，都要用同样的“基本形式”（见下面的图表），这样我们就知道减法题算得对不对了。

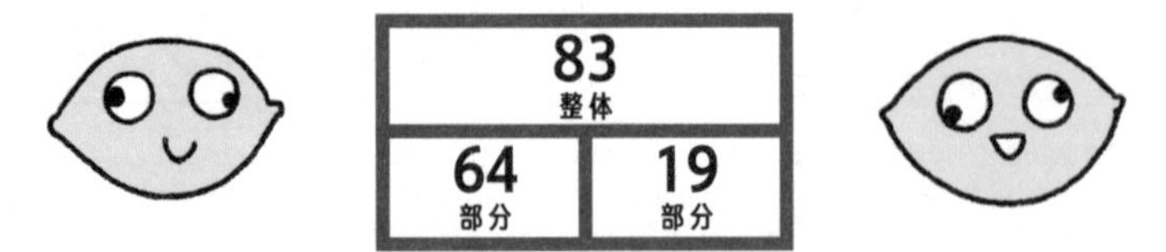

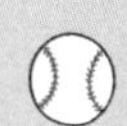

先用借位法做减法题，再用加法来检查答案。我做第 1 题示范给你看。

1. $40 - 28 = \underline{\ ?\ }$

一起来玩吧：好吧，首先我们把数字写成竖式叠起来，再画出高速车道。接着，我们要做 0 － 8，但发现没办法减！我们从十位上借 1 个十，这样十位上的数字就变成了 3。我们再把这个十加到个位上，0 + 10 就变成了 10！

$$\begin{array}{r} 4\,0 \\ -\,2\,8 \\ \hline \end{array} \qquad \begin{array}{r} 3\ \ 10 \\ \not{4}\,\not{0} \\ -\,2\,8 \\ \hline \end{array} \qquad \begin{array}{r} 3\ \ 10 \\ \not{4}\,\not{0} \\ -\,2\,8 \\ \hline 2 \end{array} \qquad \begin{array}{r} 3\ \ 10 \\ \not{4}\,\not{0} \\ -\,2\,8 \\ \hline 1\,2 \end{array}$$

然后做减法——记住要从个位开始：10 － 8 = 2，再算十位：3 － 2 = 1。这样就得到了 1 个十和 2 个一，也就是数字 12！我们来检查一下答案吧！这就像把火鸡三明治重新装起来：28 + 12，要是答案是 40 的话就对啦！

$$\begin{array}{r} 2\,8 \\ +\,1\,2 \\ \hline \end{array} \qquad \begin{array}{r} 1\ \ \ \\ 2\,8 \\ +\,1\,2 \\ \hline 0 \end{array} \qquad \begin{array}{r} 1\ \ \ \\ 2\,8 \\ +\,1\,2 \\ \hline 4\,0 \end{array}$$

太好了，又是一个完整的火鸡三明治啦！这道减法题我们算对了！

答案：40 － 28 = 12

继续！→

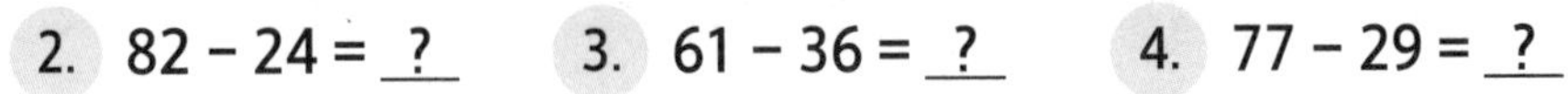

2. $82 - 24 =$?　　3. $61 - 36 =$?　　4. $77 - 29 =$?

5. $92 - 18 =$?　　6. $30 - 17 =$?　　7. $91 - 19 =$?

8. $87 - 78 =$?　　9. $34 - 18 =$?　　10. $61 - 23 =$?

虽然不想做加法
来检查答案，不过知道
这种方法行得通还是
觉得很棒的！

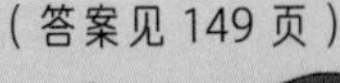
（答案见 149 页）

贴上活动眼睛贴，重回高速公路：三位数借位减法

他们都说生气的时候不能开车，因为这样不安全。但他们可从没说过不能贴上活动眼睛贴开车……

为什么话题又绕回到高速公路和活动眼睛贴呀？你说话总是这样拐弯抹角的。
活动眼睛贴能帮我们做借位减法，而且这次我们要用到更多的高速车道！
准备好了吗？我们要学习大数字减法啦。先告诉你一个好消息：其实大数字减法和我们之前学的原理一样。来吧，我来教你吧！

我们来试试 862 − 479。没什么难的！首先，我们画出高速车道。然后，还是从个位开始算起！

来看个位 2 － 9，因为 2 不够减 9，所以向前一位借位，从十位借 1 个十，这样十位上的 6 就变成了 5，个位上的 2 变成了 12——足够做减法了。把个位相减：12 － 9 ＝ 3。做到这里都很顺利吧？很好！

我们借了 1 个十，
得到 10 个一。

然后呢？我们看到 5 － 7，这也没法减啊！十位不够减了！我听说有种大包装：把装活动眼睛贴的盒子一盒一盒叠起来，每一盒里都有 10 个活动眼睛贴，一共有 10 盒这样的盒子，这样我们一共就有 100 个活动眼睛贴！我们可以从百位借 1 个百，这样就得到了 10 个十！

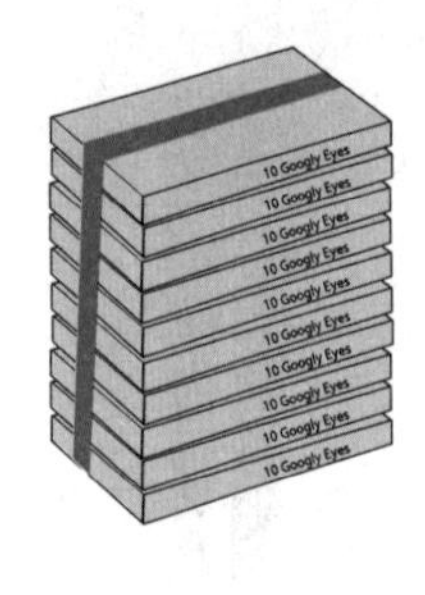

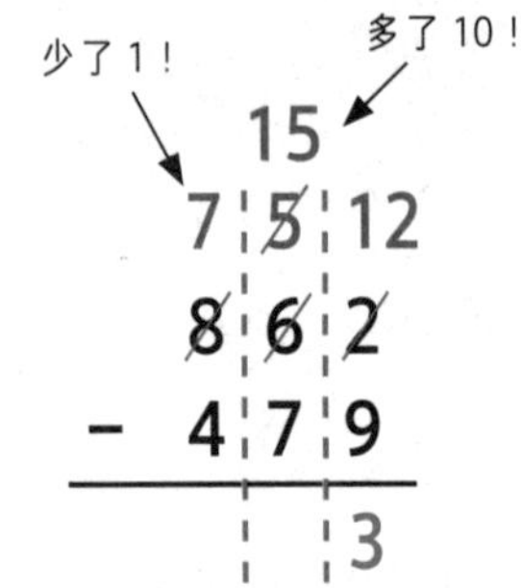

也就是说，我们要把原来百位上的 8 划掉，变成 7，还要把十位上的 5 变成 15！这看起来有点疯狂，不过绝对行得通哦！

现在我们自上而下做
减法吧！

$$
\begin{array}{r}
15 \\
7\ \ 5\ \ 12 \\
8\ \ 6\ \ 2 \\
-\ \ 4\ \ 7\ \ 9 \\
\hline
3\ \ 8\ \ 3
\end{array}
$$

十位上 15 － 7 ＝ 8，百位上 7 － 4 ＝ 3，这样就得到了 3 个百、8 个十、3 个一，也就是数字 383！太好啦！

我们刚刚得出 862 − 479 = 383。不过计算过程中有没有犯错呢？我们用火鸡三明治的方法来检查一下答案吧（要是想不起来，可以翻到 136 页复习一下）。我们试试 479 + 383，但愿答案是 862！

$$\begin{array}{r} 479 \\ +\ 383 \\ \hline \end{array} \rightarrow \begin{array}{r} {\scriptstyle 1} \\ 479 \\ +\ 383 \\ \hline 2 \end{array} \rightarrow \begin{array}{r} {\scriptstyle 1\,1} \\ 479 \\ +\ 383 \\ \hline 62 \end{array} \rightarrow \begin{array}{r} {\scriptstyle 1\,1} \\ 479 \\ +\ 383 \\ \hline 862 \end{array}$$

太棒啦！也就是说我们算出的答案是正确的！完成啦！

答案：862 − 479 = 383

开动脑筋算出正确答案的感觉太棒！

每做一道数学题，你的大脑就会变强大一点哦！

先用借位法算一下这些大数的减法题，再用加法来检查答案。我做第 1 题示范给你看。

1. $9407 - 692 = \underline{\ ?\ }$

一起来玩吧： 我们先把数字写成竖式，再画出高速车道。看，个位相减很容易：7 - 2 = 5。很好！再看十位，0 不够减 9，向前一位借位，从百位借 1 个百（4 变成了 3），得到 10 个十（0 变成了 10）。现在自上而下做十位上的减法：10 - 9 = 1。

```
千位
   9 4 0 7          3 10            3 10
 -   6 9 2        9 4̸ 0̸ 7         9 4̸ 0̸ 7
 ---------   →  -   6 9 2   →   -   6 9 2
         5      ---------       ---------
                        5             1 5
```

来看看百位，我们发现 3 不够减 6，那该怎么办？要从千位数借 1 个千（9 变成了 8），得到了 10 个新的百（3 变成了 13）。现在就能做百位上的减法了：13 - 6 = 7！

```
     13                 13
   8 3̸ 10             8 3̸ 10
   9̸ 4̸ 0̸ 7            9̸ 4̸ 0̸ 7
 -   6 9 2          -   6 9 2
 ---------          ---------
       1 5            8 7 1 5
```

千位上没有减数，直接把 8 写在横线下方。这样我们就得到了 8 个千、7 个百、1 个十和 5 个一，也就是 8715。呼！终于算好了！

我们刚算出了 9407 - 692 = 8715，现在用重组火鸡三明治的方法来检查一下答案吧。我们要算出 8715 + 692 的和，看看是不是 9407。是的话，就证明这道减法题我们做对了。

$$\begin{array}{r} 8715 \\ +\ \ 692 \\ \hline 7 \end{array} \qquad \begin{array}{r} {}^{1}\ \ \ \ \\ 8715 \\ +\ \ 692 \\ \hline 07 \end{array} \qquad \begin{array}{r} {}^{1\,1}\ \ \ \ \\ 8715 \\ +\ \ 692 \\ \hline 9407 \end{array}$$

没错，就是这样！

答案：9407 - 692 = 8715

2. 457 − 294 = ?   3. 777 − 168 = ?   4. 868 − 686 = ?

5. 853 − 362 = ?   6. 345 − 181 = ?   7. 957 − 167 = ?

8. 908 − 457 = ?   9. 653 − 79 = ?   10. 121 − 78 = ?

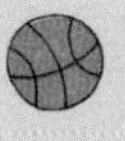

结束这章内容前，我还想让你看看，开始做减法前需要进行连续“两次”借位的情况。首先，假设我们需要 87 个活动眼睛贴，但没有单独开封的盒子——只有 5 组没打开过的套盒。所以我们来算 500 － 87。

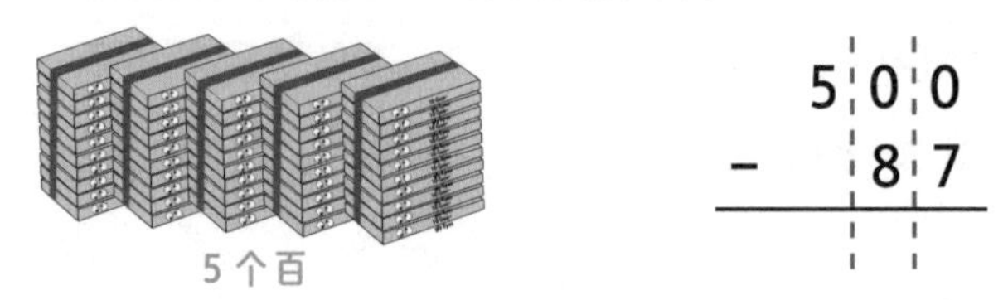

先看个位，我们发现 0 不够减 7，对吧？所以要向前一位借位，从十位上借 1。等等，十位上只有一个 0，根本没有十可以借！这就意味着我们要再向前一位借位，从百位上借 1，这样 5 变成了 4，1 个百变成了 10 个十。现在，我们有 4 组叠起来的盒子（4 个百）和 10 个分开的盒子。

但我们还得打开其中的一个盒子拿出活动眼睛贴，因此还要再一次借位——这次要从十位上借。我们打开一个盒子，里面有 10 个单独的活动眼睛贴，所以原来的 10 盒变成了 9 盒，个位上的 0 变成 10。终于有单个的活动眼睛贴啦！

我和你说过这个很疯狂吧，减法都还没做呢，就已经花了好大工夫打开这些装活动眼睛贴的盒子！现在我们终于可以做减法了，还是从个位开始！

$$\begin{array}{r} 9 \\ 4\,\cancel{10}\,10 \\ \cancel{5}\,\cancel{0}\,\cancel{0} \\ -\quad 8\,7 \\ \hline 3 \end{array} \rightarrow \begin{array}{r} 9 \\ 4\,\cancel{10}\,10 \\ \cancel{5}\,\cancel{0}\,\cancel{0} \\ -\quad 8\,7 \\ \hline 1\,3 \end{array} \rightarrow \begin{array}{r} 9 \\ 4\,\cancel{10}\,10 \\ \cancel{5}\,\cancel{0}\,\cancel{0} \\ -\quad 8\,7 \\ \hline 4\,1\,3 \end{array}$$

这就是我们的答案！

这样我们就算出了 500 − 87 = 413。当然，我们还是要用加法 413 + 87 来检查一下答案——但愿会是 500！

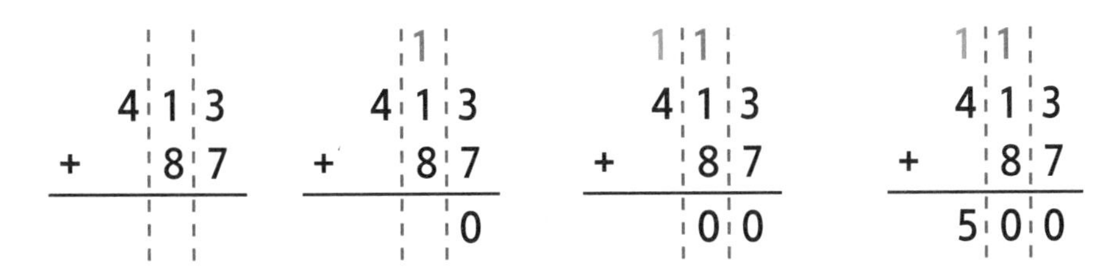

好棒，我们做出来了！

答　案

第一章

p.17: 2. 5 + 5 = 10　3. 7 + 3 = 10　4. 6 + 4 = 10　5. 3 + 7 = 10

p.19: 2. 我们还要再往上走 7 级台阶。3 + 7 = 10　3. 我们还要再往上走 1 级台阶。9 + 1 = 10
4. 我们还要再往上走 5 级台阶。5 + 5 = 10　5. 我们还要再往上走 3 级台阶。7 + 3 = 10

p.24: 2. 5 + 2 = 7

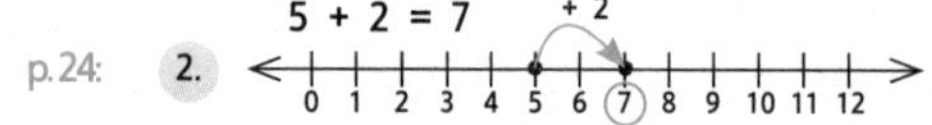

3. 11 − 1 = 10

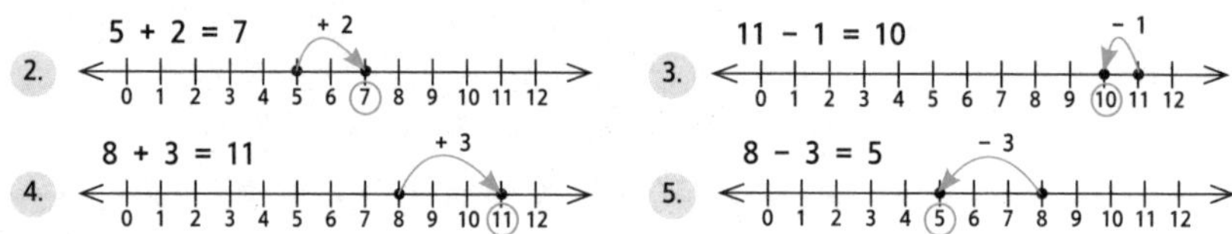

4. 8 + 3 = 11

5. 8 − 3 = 5

6. 6 + 4 = 10

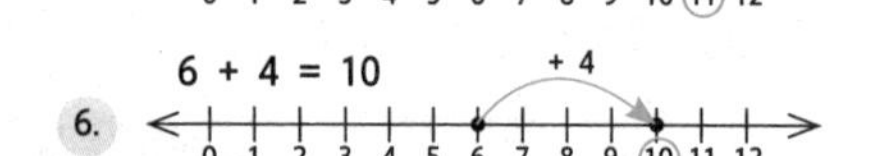

7. 10 − 3 = 7

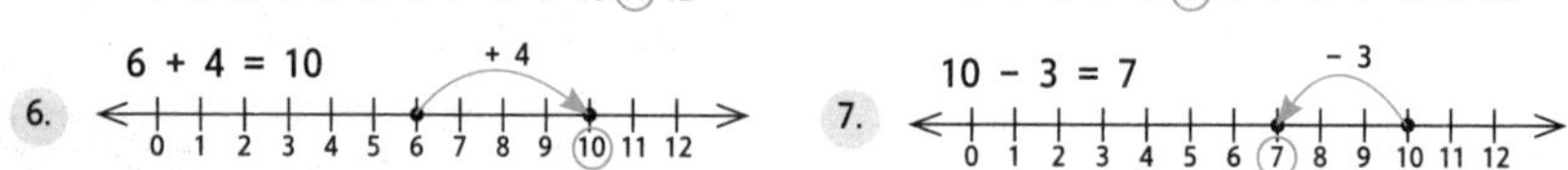

p.26: 2. 7 + 3 = 10　3. 5 + 5 = 10　4. 9 + 1 = 10

第二章

p.36: 2. 1 + 8 = 9, 8 + 1 = 9, 9 − 1 = 8, 9 − 8 = 1
3. 2 + 8 = 10, 8 + 2 = 10, 10 − 2 = 8, 10 − 8 = 2
4. 3 + 3 = 6, 6 − 3 = 3（是的，只有这两个等式）
5. 4 + 3 = 7, 3 + 4 = 7, 7 − 4 = 3, 7 − 3 = 4

p.37: 2. 1 | 9 / 10　3. 10 / 2 | 8　4. 3 | 4 / 7　5. 9 / 4 | 5　6. 3 | 7 / 10　7. 13 / 10 | 3　8. 2 | 0 / 2　9. 12 / 6 | 6　10. 11 / 6 | 5

p.40: 2. 2 + 3 = 5　3. 8 + 3 = 11　4. 9 − 5 = 4　5. 7 − 3 = 4
6. 9 − 1 = 8　7. 2 + 6 = 8　8. 10 − 3 = 7　9. 7 − 5 = 2　10. 10 + 7 = 17

第三章

p.47: 2. 2（烤盘）4（单个小面包）总数 24　3. 3（烤盘）2（单个小面包）总数 32　4. 1（烤盘）7（单个小面包）总数 17

p.49: 2. 需要 2 个烤盘和 4 个单个小面包。　3. 需要 4 个烤盘和 5 个单个小面包。　4. 需要 8 个烤盘和 4 个单个小面包。
5. 需要 1 个烤盘和 9 个单个小面包。　6. 需要 3 个烤盘和 7 个单个小面包。　7. 需要 8 个烤盘和 0 个单个小面包。
8. 需要 6 个烤盘和 1 个单个小面包。　9. 需要 2 个烤盘和 8 个单个小面包。

p.52: 2. 2 个十，2 个一。总数：22　3. 1 个十，7 个一。总数：17
4. 4 个十，0 个一。总数：40

p.53: 2. 36 里有 3 个十，6 个一。 3. 63 里有 6 个十，3 个一。 4. 59 里有 5 个十，9 个一。
5. 12 里有 1 个十，2 个一。 6. 45 里的 5 代表 5 只小鸟。 7. 82 里的 8 代表 80 只河马。
8. 58 里的 8 代表 8 只猴子。 9. 50 里的 5 代表 50 只棕熊宝宝。

p.56: 2. 2 个一角硬币和 1 个一分硬币。 3. 3 个一角硬币和 4 个一分硬币。
4. 4 个一角硬币和 5 个一分硬币。 5. 6 个一角硬币和 7 个一分硬币。
6. 5 个一角硬币和 0 个一分硬币。 7. 1 个一角硬币和 8 个一分硬币。

第四章

p.62: 2. 346 个小面包。 3. 171 个小面包。 4. 203 个小面包。

p.64: 2. “二百九十只灰色小猫”。9 代表 90 只小猫。 3. “八百四十三只小白鼠”。8 代表 800 只小白鼠。
4. “一百五十八匹红色小马驹”。8 代表 8 匹小马驹。 5. “六百七十二只黄色长颈鹿”。7 代表 70 只长颈鹿。

p.66: 2. 9，代表 9。 3. 3，代表 300。 4. 5，代表 50。 5. 8，代表 800。
6. 8，代表 80。 7. 0，代表 0。 8. 9，代表 9。 9. 6，代表 600。

p.68: 2. 5 个一元硬币，2 个一角硬币和 4 个一分硬币。 3. 2 个一元硬币和 1 个一分硬币（没有一角硬币）。
4. 8 个一元硬币，6 个一角硬币和 7 个一分硬币。 5. 9 个一元硬币和 8 个一角硬币（没有一分硬币）。

第五章

p.74: 2.  12 + 33 = 45 3.  24 + 22 = 46 4. 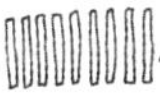 40 + 50 = 90 5. 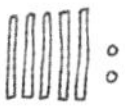 31 + 21 = 52

p.77: 2. 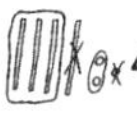 43 − 11 = 32，还剩下 32 个小面包。 3. 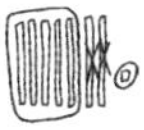 71−20 = 51，还剩下 51 个小面包。

4. 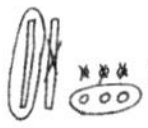 26−13 = 13，还剩下 13 个小面包。 5.  38−17 = 21，还剩下 21 个小面包。

p.79: 2.  153 + 410 = 563 3.  343 + 55 = 398

3. 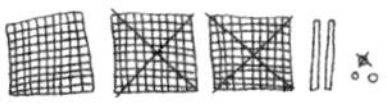 323 − 201 = 122 4. 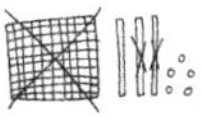 135 − 120 = 15

第六章

p.83: 2. 10 + 5 = 15，也就是 9 + 6 = 15。 3. 10 + 2 = 12，也就是 7 + 5 = 12。
4. 10 + 6 = 16，也就是 9 + 7 = 16。 5. 10 + 3 = 13，也就是 8 + 5 = 13。
6. 1 + 10 = 11，也就是 3 + 8 = 11。 7. 10 + 2 = 12，也就是 6 + 6 = 12。

p.85: 2. 12 - 3 = 9 3. 14 - 5 = 9 4. 2 - 7 = 5 5. 14 - 6 = 8 6. 15 - 8 = 7 7. 17 - 8 = 9
8. 16 - 9 = 7 9. 18 - 9 = 9

p.89: 2. 68 + 10 = 78 3. 86 - 10 = 76 4. 45 + 10 = 55 5. 76 + 10 = 86 6. 87 - 10 = 77
7. 24 - 10 = 14 8. 16 + 10 = 26 9. 59 - 10 = 49 10. 91 - 10 = 81 11. 33 - 10 = 23

p.90: 2. 45 + 20 = 65 3. 98 - 30 = 6 4. 34 + 10 = 44 5. 78 - 40 = 38 6. 29 + 70 = 99
7. 41 + 50 = 91 8. 56 + 40 = 96 9. 66 - 60 = 6

第七章

p.93: 2. 9 + 5 = 10 + 4 3. 8 + 5 = 10 + 3 4. 9 + 7 = 10 + 6
5. 9 + 9 = 10 + 8 6. 3 + 8 = 10 + 1 7. 6 + 7 = 10 + 3
8. 8 + 7 = 10 + 5 9. 9 + 8 = 10 + 7 10. 6 + 5 = 10 + 1
11. 6 + 9 = 10 + 5

p.96: 2. 10 + 4 = 14，也就是 9 + 5 = 14 3. 10 + 5 = 15，也就是 9 + 6 = 15
4. 10 + 5 = 15，也就是 8 + 7 = 15 5. 15 + 10 = 25，也就是 17 + 8 = 25
6. 6 + 20 = 26 或 16 + 10 = 26，也就是 8 + 18 = 26 7. 10 + 1 = 11，也就是 7 + 4 = 11
8. 2 + 20 = 22 或 10 + 12 = 22，也就是 6 + 16 = 22 9. 10 + 8 = 18 或 8 + 10 = 18，也就是 9 + 9 = 18
10. 10 + 3 = 13，也就是 7 + 6 = 13 11. 11 + 10 = 21，也就是 15 + 6 = 21

p.101: 2. 65 + 11 = 76 3. 22 + 38 = 60
4. 33 + 9 = 42 5. 19 + 13 = 32
6. 16 + 68 = 84 7. 84 + 7 = 91
8. 59 + 13 = 72 9. 28 + 13 = 41
10. 12 + 47 = 59

第八章

p.105: 2. 186 = 100 + 80 + 6 3. 324 = 300 + 20 + 4 4. 59 = 50 + 9 5. 425 = 400 + 20 + 5
6. 99 = 90 + 9 7. 311 = 300 + 10 + 1 8. 888 = 800 + 80 + 8 9. 567 = 500 + 60 + 7
10. 717 = 700 + 10 + 7 11. 950 = 900 + 50 12. 12 = 10 + 2 13. 501 = 500 + 1

p.107: 2. 500 + 90 + 8 = 598 3. 700 + 40 + 6 = 746 4. 100 + 10 + 1 = 111 5. 600 + 10 + 9 = 619
6. 100 + 20 + 3 = 123 7. 900 + 80 + 7 = 987 8. 90 + 9 = 99 9. 900 + 30 = 930
10. 800 + 8 = 808

p.109：2. 88 3. 59 4. 89 5. 77 6. 79 7. 88

p.110：2. 32 3. 53 4. 62 5. 37 6. 11 7. 17

p.113：2. 888 3. 878 4. 795 5. 354 6. 977 7. 958

p.114：2. 235 3. 111 4. 412 5. 550 6. 531 7. 105

p.118：2. 786 3. 342 4. 354 5. 303 6. 500 7. 1 8. 888 9. 333 10. 396 11. 756 12. 69 13. 60

第九章

p.125：2. 71 3. 71 4. 84 5. 92 6. 83 7. 291 8. 843 9. 132 10. 134

p.128：2. 451 3. 555 4. 920 5. 822 6. 777 7. 925 8. 1221 9. 1221 10. 1312

第十章

p.138：2. 58 3. 25 4. 48 5. 74 6. 13 7. 72 8. 9 9. 16 10. 38

p.143：2. 163 3. 609 4. 182 5. 491 6. 164 7. 790 8. 451 9. 574 10. 43

给大人的“新数学”操作指南！

这份指南介绍了书中一些较为新颖的数学术语和方法，以及在书中可以找到更多有关讲解的位置。

十格阵（25 页）：上下两行各五个方格组成一块十格长方形。十格阵能帮助孩子真正理解“10”这个概念。用不同的两种物件，可以摆出类似 $7+3=10$ 这样的数学等式。十格阵还能锻炼加减法心算能力（见第六章）。

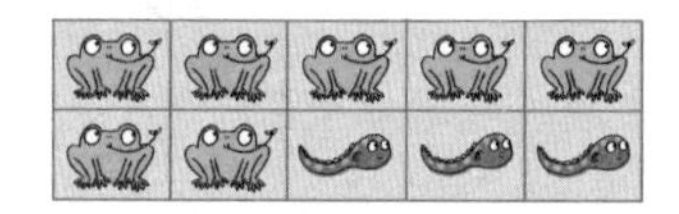

数链（27 页）：用来表示数学等式的图，比如：$4+6=10$。这是写出整个“基本形式”的一条捷径。

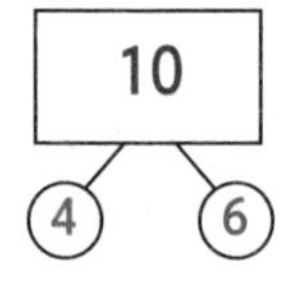

“部分—部分—整体”框（34 页）：三个数字组成一个框图，用来表示一组“基本形式”。这是写出“基本形式”的另一条捷径。

10 整体	
6 部分	4 部分

基本形式（34 页）：是指一组由加法和减法组成的“算式家族”，用到的数字相同（通常有三个数字）。比如 4，6 和 10。基本形式可以让孩子明白加法和减法是互相关联的。此外，也能让孩子理解为什么可以用加法来检查减法题的答案（136 页）。

$6+4=10$
$4+6=10$
$10-6=4$
$10-4=6$

$10=6+4$
$10=4+6$
$4=10-6$
$6=10-4$

模型（70 页）：用图把数字画出来——通常是一、十和百。这种方法有助于看清楚位值，更容易做大数的加减法（76、123、133 页）。这是用模型画出的数 123。

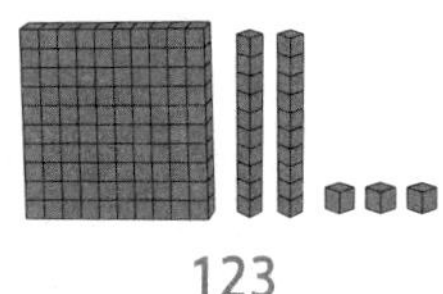

重组（121 页）：重组 = 进位。进位加法是加法的一种。某一位上的数相加过 10，就在此位下面写相加所得结果的个位数字，向前一位进相加所得结果十位上的数字，即在左一位上面写一个 1（两位数中，10 个一就是 1 个十）。参见 121 页的例题。

1
25
+ 48
73

借位（129 页）：退位减法，也可以称作借位减法。就是当两个数相减，被减数的个位不够减时，向前一位借位，相当于给该数位上的数加上 10，再进行计算。比如，两位数减法，向左一位借位，把 1 个十变成了 10 个一。可以参看 131 页上的例题！

6 15
~~7~~~~5~~
− 38
37